Molecular Dynamics
Simulation Technology and
its Application in Asphalt

分子动力学模拟技术
及其在沥青中的应用

马　涛　徐光霁　胡建英　编著

人民交通出版社
北京

内 容 提 要

本书阐述了分子动力学模拟技术及其在沥青材料研究中的最新应用。全书分为5章。前3章深入介绍了多尺度模拟方法、分子动力学模拟的基本原理、发展历史及趋势,详细讲解了模拟参数、运动方程解析算法及计算过程。第4章探讨了分子动力学计算的应用,包括运动轨迹、热力学特性分析及常见评价参数的计算。第5章介绍了分子动力学在沥青材料中的应用,总结了常用分子模拟软件的优缺点,并深入分析了基质沥青、老化沥青、改性沥青及沥青混合料在分子层面的性能与机理。

本书可作为从事高分子研究和设计工作的人员的参考书,也可作为道路行业科研人员、技术人员及研究生的参考用书。

图书在版编目(CIP)数据

分子动力学模拟技术及其在沥青中的应用 / 马涛等编著. —北京:人民交通出版社股份有限公司,2025.7
ISBN 978-7-114-19284-5

Ⅰ.①分… Ⅱ.①马… Ⅲ.①分子—动力学—应用—沥青—材料科学—研究 Ⅳ.①TE626.8

中国国家版本馆 CIP 数据核字(2023)第 249334 号

Fenzi Donglixue Moni Jishu ji Qi zai Liqing zhong de Yingyong

书　　名:分子动力学模拟技术及其在沥青中的应用
著　作　者:马　涛　徐光霁　胡建英
策划编辑:李　瑞
责任编辑:王景景
责任校对:龙　雪
责任印制:张　凯
出版发行:人民交通出版社
地　　址:(100011)北京市朝阳区安定门外外馆斜街 3 号
网　　址:http://www.ccpcl.com.cn
销售电话:(010)85285580
总 经 销:人民交通出版社发行部
经　　销:各地新华书店
印　　刷:北京科印技术咨询服务有限公司数码印刷分部
开　　本:787×1092　1/16
印　　张:10
字　　数:231 千
版　　次:2025 年 7 月　第 1 版
印　　次:2025 年 7 月　第 1 次印刷
书　　号:ISBN 978-7-114-19284-5
定　　价:40.00 元

前言 >>>

本书旨在介绍分子模拟技术的基本原理及其在道路工程沥青材料体系中的应用。分子模拟的方法通常包括以量子力学与经典力学为基础的两种方法。为了适应各种领域的读者，本书只介绍以经典力学为基础的模拟方法，并强调这些方法的应用。分子模拟方法已发展数十年，适用的范围越来越广，精确度越来越高，已成为材料、溶液、表面、生化、药物等方面研究不可缺少的工具。

目前已有一些关于分子模拟方法的外文著作，但大部分艰深难懂，或是局限于某些特殊的领域而不适合分子模拟技术的推广和普及。本书中省略了各种烦琐公式的推导过程，尽量以简单易懂的方式说明各种模拟所需的基本原理；以实际的计算例子显示这些原理的应用，以加深读者对应用的认识。本书介绍的模拟原理包括各种力场（Force Field）、分子动力学（Molecular Dynamics，MD）计算等。书中介绍分子模拟的应用领域主要包括基质沥青、老化沥青、改性沥青（SBS 改性沥青、橡胶改性沥青、纳米改性沥青、环氧改性沥青）以及沥青混合料。书中引用了分子模拟方法在这些材料中的实际应用，其中许多应用例子为作者的研究成果且为作者在研究中实际遇到的问题。各种模拟实例均附有清晰的图形或表格，便于读者了解。

分子模拟方法可应用的领域十分广泛，发展十分迅速，各文献资料中有丰富的应用实例。由于篇幅的限制，书中不能一一介绍，但读者可由书中的相关章节了解模拟方法的基本原理与类似的应用实例。希望通过本书的介绍，读者能够很快掌握各种模拟方法的精髓，并将其应用于自身的研究，从而取得更多、更深入的研究成果。

本书共 5 章，由马涛主持编写，马涛、徐光霁、胡建英共同完成。编写分工如下：第 1 章、第 3 章由马涛编写，第 2 章、第 4 章由徐光霁编写，第 5 章由胡建英编写。本书在编写过程中参考了课题组多位博士及硕士的研究成果，同时朱雅婧博士、全秀洁博士、段少婵博士、姚语师硕士、郝斯文硕士等为本书编写做了部分工作，在此一并表示感谢。

本书编写过程中难免存在不妥之处，敬请读者批评指正。

作　者
2025 年 2 月

目录 >>>

第1章

绪论

1.1 材料的多尺度模拟

现如今,在材料的设计、实验及应用中,理论模拟起着至关重要的作用,其作为实验的辅助手段,可以更精确地了解材料的相关性质,缩短材料从设计到产出的时间。材料理论模拟的最终目标不仅是详细了解材料的性质,还要预测以及更好地应用它们。材料在不同尺度上会产生一系列差异,从而导致了不同尺度上模拟方法的不同。目前,对于单个尺度的模拟方法已取得很大进展,而且大多数模拟的结果与实验结果相吻合,甚至可以预测实验现象,但这些方法只能在单个尺度上进行。对于受微观尺度影响的宏观现象,采用单个尺度的模拟方法必然会丢失另外一个尺度所包含的信息,所以,采用多尺度材料模拟方法势在必行。

1.1.1 多尺度模拟概述

在诸多科学领域中,不同时间和空间尺度之间普遍存在耦合关系;某一尺度上的微观过程常常对跨尺度系统行为起主导作用。材料的微观尺度主要为原子和分子,其相互作用决定了材料宏观尺度的行为和现象,而这种行为和现象是科学应用最明显的。因此,在不同空间和时间尺度上进行材料模拟是对技术创新的挑战,而超级计算机的出现为应对这一挑战打下了一定的基础,是目前传统理论与实验方法最好的辅助手段。

在材料理论模拟中,空间尺度分为以下四类:

(1)原子尺度:纳米级别(10^{-9}m),以量子力学理论为基础,可探究微观粒子的运动规律以及分子、凝聚态的性质,常用的理论模拟方法有第一性原理计算[密度泛函理论(DFT)]。

(2)微观尺度:微米级别(10^{-6}m),用经典原子势描述原子之间的相互作用,以及它们之间键的效应,常用的理论模拟方法有分子动力学(Molecular Dynamics,MD)计算。

(3)介观尺度(10^{-4}m):起源于经典的唯象理论,晶格缺陷起重要作用,基于粗粒化模型,将经典模型中的若干原子视为一个基本结构单元,等效为一个珠子。这类方法能在比经典模拟更大的体系和更长的时间尺度上进行模拟仿真。

(4)宏观尺度(10^{-2}m):将宏观物体看成由许多小块组成,每一小块是统计独立的。整个宏观物体所表现的性质是各小块的平均值。在宏观尺度上,连续场(如密度、速度、温度、位移以及应力场等)起主要作用。

时间尺度已经从飞秒(10^{-15}s)跨越到秒。在每个空间和时间尺度上,研究者利用计算机工具建立和发展了许多不同的模拟方法来处理不同的实验现象。图1-1展示了各个空间和时间尺度所对应的模拟方法。

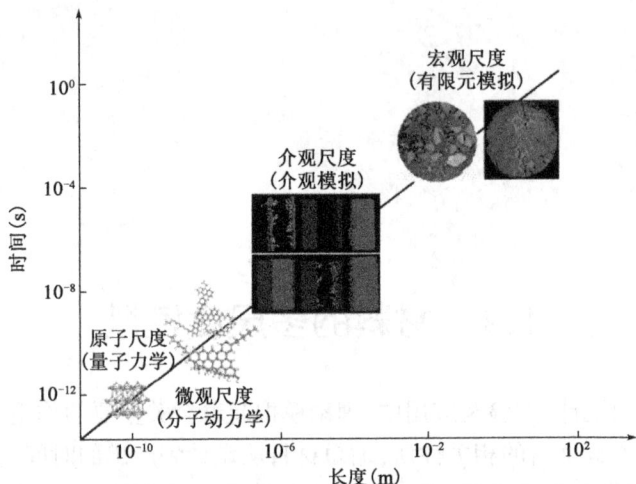

图1-1 各个空间和时间尺度所对应的模拟方法

(1)在原子尺度上,量子蒙特卡罗(QMC)可精确模拟十多个电子系统,第一性原理计算(DFT)可以处理上百个原子的方法。对于材料的一些性质(点缺陷、结构优化、相变和力学特性的静态模拟等),DFT可以提供精确的结果,但其动力学计算的模拟时间只能达到皮秒(10^{-12}s)级。半经典的紧束缚近似(TBA),在原子尺度上能模拟的体系大小达到纳米,而在动力学模拟的时间上可以达到纳米级。

(2)在微观尺度上,分子动力学和蒙特卡罗(MC)方法虽然精确度比DFT和TBA方法低,但这些经典的模拟方法能提供原子尺度新的视野,原子数可达到10^9个。有研究者利用世界上运算速度最快的计算机模拟的原子数达到了10^{12}数量级。在时间尺度上,分子动力学的模拟时间可以达到微秒级。

(3)在介观尺度模拟中,原子的自由度只能粗略地被模拟,不能被逐个处理,它能处理位错的动力学行为,相互作用可达到几十微米的体系。

(4)对于宏观尺度,采用连续方程(如弹性力学方程)描述常见的物理现象。采用有限元(FE)方法可以解决大尺度材料在弹性连续下的弹性力学问题。该方法在工程模拟中有着很广泛的应用,如路面结构处理。

当前材料科学与工程模拟中面临的最大挑战是模拟强耦合尺度的体系。事实上对这种体系的模拟,只需要考虑在某个尺度内进行精确的描述,而在另外一个尺度上进行粗糙的描述,这样就能减少不必要的模拟过程,以节省模拟时间和计算资源。而多尺度方法恰好就能解决这个问题,通过定义一个模拟区域分解方案实施整个体系的模拟,从而得到期望的结果。总之,材料的多尺度模拟是为了预测材料在整个时间和空间尺度的行为,实现精确、有效和真实描述之间的平衡。

1.1.2 多尺度模拟方法

到目前为止,已发展的多尺度模拟方法大致可分为连续性的多尺度方法和一致性的多尺度方法两种。连续性的多尺度方法通过拼凑不同的方法来实现,如大尺度模型的粗粒信息来源于更详细的小尺度模型;一致性的多尺度方法根据连接不同尺度上的方法组合形成模型,其系统内部表现为多尺度,体系的行为在尺度间有很强的依赖性。相较于连续性的多尺度方法,一致性的多尺度方法更新颖,它最大的挑战为不同区域之间、不同方法之间的耦合。下面介绍比较成熟的一致性的多尺度方法。

当前已发展的多尺度方法主要是结合用于模拟连续区域的有限元(FE)方法和用于模拟原子区域的分子动力学方法。这样的模拟技巧主要有两种:第一种是原子区域嵌套于连续区域,连续区域用于描述整个模型,而原子区域包括了对材料性质有重要影响的一些缺陷;第二种是原子区域与连续区域分开被模拟,通过一个过渡区域(Handshaking Region)来传递它们之间的信息。

(1)空间尺度耦合

空间尺度耦合(CLS)方法是最容易实施的,在构建好模型后,就可以定义体系总的哈密顿(Hamiltonian)量。CLS方法最初被用来研究裂纹现象。虽然该现象已被研究了一个多世纪,但仍有许多问题没有被解决,如易脆到延展转变与温度的关系、裂应力在裂纹尖端的塑性区域怎样传递、如何考虑裂纹传播的速度以及理论和实验的不一致等。在不同尺度上,裂纹的物理本质是动力学相互作用,因此连续性耦合方法不适合研究裂纹动力学。Abranham 等利用 CLS方法,结合包含电子的 TBA 方法,研究了硅的裂纹现象,模拟尺度达到了 0.5um。在裂纹的尖端区域用 TB 和 MD 方法来进行模拟,而在远离应变变化很小的区域采用 FE 方法,这样减少了不必要的模拟时间。Elefterios 等应用 CLS 方法处理 Si/Si3Ng 体系的应力分布,实施了三维的模拟。在有限区域采用了 8 个节点的 brick 单元和 6 个节点的 prim 单元,进行集中质量近似。

总之,CLS 方法是一个动力学的可实施有限温度的多尺度模拟方法,但在有限元区域的处理过于粗糙,许多原子区域的信息都没有被传递到连续区域。另外,短波模无法进入有限元区域,影响动力学平衡,因此须考虑一种耗散方法来消除这种效应。同时,由于过渡区域的局域性,扩散、缺陷等的运动是无法模拟的。

(2)准连续方法

1996 年,Tadmor 等提出了准连续(QCM)方法,到现在已取得很大的发展并且应用广泛。该方法最初被应用于模拟单晶 FCC 金属的缺陷以及压痕体系。随后,Shenoy 等将其用于模拟多晶中颗粒边界与位错的相互作用。Miller 等用准连续方法来研究原子尺度的裂纹以及观察颗粒的方向效应和裂纹与颗粒的相互作用。Knap 和 Ortiz 发展了非局域的三维准连续方法,并且应用于研究金(Au)的压痕尺寸效应。Smith 等模拟了三维硅(Si)体系受压痕作用后的电阻测量。准连续方法的中心思想是通过能量最小化的方法找到体系的最低能量值,自由度的减小并不影响整个区域的原子信息丢失,主要采用 Cauchy-Born 规则和代表性原子进行近似。

(3)粗粒化分子动力学

Rudd 等发展了粗粒化分子动力学(CGMD)方法,目的是模拟介观尺度的弹性系统,如用于纳米尺度机器的纳米电动系统共振器。CGMD 方法是基于统计的粗粒化描述,构建材料不同区域的依赖尺度的本构方程。一般而言,材料被划分为单元,如果是关键区域,网格点被分配到每个平衡的原子位置,而在其他区域,单元可包含许多原子,节点不需要刚好是原子位置。CGMD 方法产生的运动方程主要是出在节点定义平均位移,通过定义在热力学系统下对原子能量的受约束平均下一个粗粒化系统守恒的能量泛函。这个模型的关键是节点场的运动方程并不源于连续模型而是源于原子模型。节点场代表相应原子的平均性质,运动方程描述原子的平均行为。

CGMD 方法提供了一个描述力学的粗粒化方法,类似于 FE 方法。但这个方法来自原子模型,基于哈密顿量(Hamiltonian)量守恒,在理论上能显著降低鬼力(Ghost Force)的产生。但是在粗粒化(Coarse-Grained,CG)区域短波长的波无法在长度很大的单元内传播,造成了许多非物理的反射,如在模拟冲击波时就会遇到很强的反射。虽然这个方法在理论上优于成熟的有限元方法,并且是一个包含温度效应的多尺度方法,但是目前缺少应用,而且单元增大的界面反射问题也是无法避免的。

(4)原子和离散位错耦合方法

原子和离散位错耦合(CADD)方法由 Shilkrot 等提出,考虑了位错存在的多尺度模拟,最初应用于二维单晶层的压痕模拟。该方法与其他多尺度方法相比,有两个优点:一是能处理连续区域内的位错;二是给出一个能够预测位错从原子区域移动到连续区域的算法,并转变原子区域的位错到连续区域。虽然其他方法也可以解决位错的问题(如准连续方法),但是无法解决位错移动的问题。对于模型的构建,CADD 方法与 CLS 方法类似,只是在此基础上考虑了在整个区域增加离散位错的影响、位错间相互作用以及位错在原子区域的运动。

(5)桥连接尺度方法

由 Wagner 和 Liu 提出的桥连接尺度方法是一种动力学的有限温度耦合方法,适用于二维和三维的模拟,但它属于之前提到的第一种区域分解方法。该方法已应用于准静态的纳米管的弯曲和波的传播。近年来,桥连接尺度方法已被用于耦合介观的离散粒子模型和不可压缩流体的宏观尺度连续模型。其基本思想是将 MD 和 FE 组合为一个大系统,但在重叠区域由于有多余自由度的存在,因此需引入一个阻力应用于 MD 和 FE 边界的原子,从而除掉多余的自由度。采用这种方法后,FE 区域存在于任何地方(包括 MD 区域),MD 区域只出现在需要高精确度的区域。该方法的最大优点就是 MD 和 FE 的运动方程不需要有相同的时间步长。

除了以上发展比较成熟、应用较广的多尺度方法外,还有许多多尺度模拟方法相继被提出。到目前为止,多尺度模拟方法在模拟大体系的一些性质方面已经取得很大的突破,它从一个新的视野巧妙地解决了当前模拟技术遇到的难题,是模拟方法一个质的飞跃。多尺度方法的建立不仅需要对模拟方法进行详细了解,对实际体系性质的了解也是至关重要的。它对所需要模拟的体系有很强的依赖性,因此多尺度方法的实现首先要构建好多尺度模型。要真正实现多尺度的模拟,首先要从需要模拟的强耦合现象去构建多尺度模型,然后考虑应用不同区域的方法保证信息相互传播,得到想要的模拟结果。

1.1.3　沥青材料的多尺度模拟

材料的多尺度研究是综合考虑材料宏观、微观、纳观等不同尺度下的结构与性能特点,运用多尺度研究方法,综合研究材料的组成、结构以及不同尺度下结构性能间的关系的一种研究手段。改性沥青、沥青混合料作为典型的复合材料在不同尺度下表现的结构与性能都具有显著的特点,因此沥青材料的多尺度研究是研究沥青材料性能、力学行为、老化行为等机理的可行手段与方法。

沥青是由一些极其复杂的高分子碳氢化合物及非金属(如氧、氮、硫等)衍生物所组成的有机化合物,其内部的化学成分相当复杂。沥青在常温下呈固体、半固体或液体状态。由于沥青的结构复杂性,将其分离为纯粹的化合物单体,就目前的分析技术来说还有一定困难。由于相同化学组分构成的化合物的多样性,不可能通过分离出各种化学组分的办法来了解沥青的性质,因而,人们采取"组分分析法"将化学特性及物理-化学性质接近的一些化合物分别提取出来,作为组分,然后进一步认识构成沥青的几个组分各自的特性及其与沥青性质间的关系。

沥青材料的宏观特性很大程度上取决于其微观组成,沥青中的蜡影响沥青的低温延展性,沥青中大的稠环芳烃类分子越多,沥青的黏度越大。性能分级(PG 分级)相同的沥青,在加载条件下流变特性差异很大也是由于其微观组成不同。沥青的微观组成包括其元素组成、化学族组成以及微观相态组成。元素组成、化学族组成的差异决定了沥青微观相态的分布,而微观相态组成又直接影响沥青的流变特性。所谓微观相态是指不同分子的堆积状态,是联系化学组成与宏观性能的桥梁。因此,进行沥青材料的多尺度研究对深度了解沥青材料具有深远的意义。

(1)国外研究状况

沥青的多尺度研究首先由国外学者提出。瑞士材料科学与技术实验室的 E. Rinaldini 等利用动态剪切流变仪(DSR)、扫描电子显微镜(SEM)、计算机断层扫描(CT)等方法的组合得到了一个跨尺度的数据集,这促进其对再生沥青混合料(RAP)和新拌沥青混合料复杂混合机制的研究。Munir D. Nazzal 等利用半圆弯曲实验(SCB)、DSR、原子力显微镜(AFM)等手段对再生沥青混合料在新拌沥青混合料中与新料的结合问题进行了宏观、细观、微观的分析与研究,从不同尺度观察和分析了新老混合料之间的相互作用。Alireza Samnieadel 等利用差示扫描量热法(DSC)对石蜡在沥青中的行为进行了多尺度的分析,研究了石蜡对沥青热力学性质的影响。

在沥青胶浆的尺度上,Anderson 等研究了矿粉体积浓度为 0.33 的沥青胶浆(矿粉与沥青胶浆的体积百分比)的流变性能,表明体积浓度 0.33 的沥青胶浆可以代表典型的沥青混合料中的沥青胶浆的状态。根据美国 Superpave 设计方法,沥青混合料中的胶浆较为合适的矿粉与沥青的质量比在 0.6 ~ 1.2 范围内。Moraes 等对不同老化程度的沥青胶浆的复数模量主曲线进行了分析与研究,发现短期老化和未老化的沥青胶浆的复数模量主曲线结果近似,只有长期老化的沥青胶浆主曲线结果才会出现较为显著的差异,即矿粉颗粒的加入在一定程度上减弱了沥青胶浆的老化效应。

在沥青砂浆的尺度上,Kim 等研究认为,沥青砂浆中全部集料颗粒的粒径不超过1.18mm。在之后的一些研究中,沥青砂浆的最大公称粒径也被定义为 2.36mm,认为沥青砂浆由粒径不超过 2.36mm 的集料颗粒构成。Freire 等分别研究了最大公称粒径为 4.00mm、2.00mm 和 1.18mm 的三种沥青砂浆,同时强调最大公称粒径为 2.00mm 的沥青砂浆的疲劳性能结果与沥青混合料最为相似,即沥青砂浆中集料最大公称粒径的选择没有统一的限制和界定。Karki 采用 12um 厚的沥青膜来确定砂浆中的沥青含量,并认为该方法更符合沥青混合料中砂浆部分的真实状况。此外,通过不同集料的比表面积可以更好地确定砂浆材料中的沥青含量。Ng等根据细集料不同的沥青吸收率对砂浆中改性沥青含量计算进行修正,可实现不同黏度沥青和不同集料种类构成的沥青砂浆中沥青含量的确定。

(2)国内研究状况

近年来,国内对沥青的多尺度研究也开展了一些工作。陈剑华对浇筑式沥青混合料的触变区进行了细观、微观和宏观尺度的分析,之后采用足尺加速加载实验对研究成果进行了验证,建立了微观、细观、宏观与足尺度指标间的相关性。李晓辉在宏观、细观、微观尺度对温拌沥青混合料老化过程中的水稳定性进行了分析,结果表明,沥青混合料的宏观冻融劈裂强度与微观表面能之间具有良好的相关性。杨震等通过对基质沥青老化前后特性的多尺度研究发现,基质沥青微观分子质量与宏观流变性能之间具有良好的相关性,沥青宏观性能是其微观特性在宏观尺度下的体现,而微观特性对其宏观性能具有直接的影响。曹鹏等通过多尺度的力学分析与模型发现,多尺度统一模型的模拟结果与细观单元等效模型的模拟结果可以相互佐证,初步建立了微-细-宏观尺度间的跨越机制。

复合材料理论认为,沥青混合料是由沥青、集料和矿粉组成的多相复合材料,骨架支撑和界面黏结的共同作用决定了其结构的稳定性,因此其性能不仅受单质材料的影响,也与不同材料之间的界面行为有关。沥青与矿料之间的界面具有和两边材料不同的特殊性质,当两相材料接触时,其界面会发生复杂的物理化学过程(吸附、渗透、扩散),材料的组成、表面特性以及温度等因素决定了沥青混合料的性能。与集料相比,矿粉比表面积很大,其分散在沥青中形成沥青胶浆体系,在混合料中再次与粗/细集料黏结,形成沥青混合料。胶浆体系的黏聚与黏附特性对混合料强度有很大影响。传统的沥青混合料界面研究依据集料的裹附程度进行定性分析,或者通过力学拉拔实验、表面能测试等进行定量研究。但这些研究未能从沥青与矿料的界面交互作用角度分析其黏附形成机理及影响因素,更未建立交互作用与性能之间的关系。然而,随着计算机的发展,分子模拟技术成为一种微观动力学及热力学研究手段,为研究界面交互作用微观机理提供支持。因此,按照尺度不同,沥青路面材料的多尺度研究分类如图1-2所示。

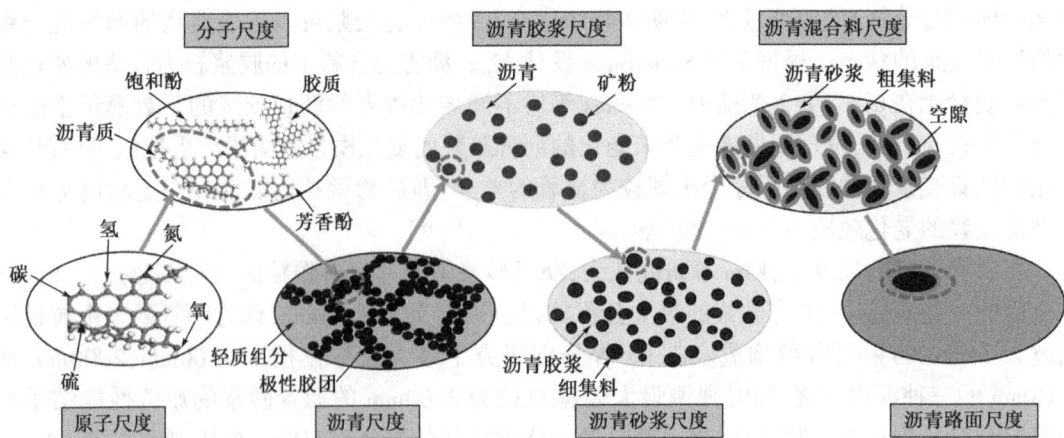

图1-2　沥青路面材料的多尺度研究分类

1.2 分子动力学模拟

1.2.1 分子动力学概念

当今世界,在科学发展日新月异的同时,能源危机突出,对新能源、新材料、新工艺的开发和革新的要求越来越紧迫,对生命现象及机理进行深入探究以消除人类所受到的越来越多的疾病威胁的呼声也越来越高。为此,科学家们进行了大量基础和应用研究,取得了辉煌的成就,如生物柴油的开发、氢燃料汽车的下线、各种功能材料和纳米光电磁材料的研制、新型催化剂的应用、各种抗生药物的投产等。在这些成就的背后,理论研究的作用至关重要。理论研究可以为复杂的实验现象提供合理的解释,可以为科学家描绘出生动的微观图像。更为重要的是,理论研究可以对分子设计、方案优选等提供关键的前期指导,从而节省大量人力和物力。以欧美的许多大型药厂为例,在采用计算以前,合成新药的成功率为17%~20%,但1980年后,由于在合成前先利用计算预测,其成功率已提高至50%,甚至60%。随着量子力学、分子力学等理论学科在20世纪的迅速发展,加上计算机的不断更新换代以及编程技术的不断提升,计算机模拟技术在当前诸多领域的科学研究中已被广为采用,越来越受到重视并正在发挥越来越重要的作用。

计算机模拟是根据实际物理系统在计算机上进行的模型实验,先根据系统的物理特征构建具有代表性的数学模型,然后用一定的算法对模型进行模拟计算。通过模拟结果和实验数据的对比,可以知道物理模型及算法的合理性和准确程度。对于某些大自由度、低对称性、非线性问题及复杂相互作用的物理系统,计算机模拟可以获得常规的物理实验无法获得的重要的数据结果。此外,计算机模拟还可以将模型系统置于极端或不合理的条件下,可以看到目前实验技术无法达到的极端条件下所呈现出的许多奇异的物理现象,大大丰富和发展了理论的内涵。计算机模拟通常研究平衡态问题,即模拟系统达到了热平衡、力平衡和化学平衡及相平衡,物理性质经过充分的弛豫过程后已经达到稳态。目前的计算机模拟多数为平衡态模拟,可用于研究物质结构、热力学性质等。有些过程为非平衡态过程(如气体通过膜的扩散过程),此时需要采用某些非平衡态模拟方法。目前,微观层次的计算机模拟已经发展到一个关键时期。先进的理论计算方法与计算机结合,可以帮助研究者以前所未有的细节和精度从微观层面理解物质的化学和物理行为。

分子动力学模拟以分子或分子体系的经典力学模型为基础,采用数值求解分子体系经典力学运动方程的方法得到体系的相轨迹,并统计体系的结构特征与性质。分子动力学模拟作为一种计算机模拟手段,主要可以进行解释型工作和预测型工作。前者为实验奠定理论基础,通过模拟解释实验现象、建立理论模型、探讨过程机理等,后者为实验提供可能性和可行性研究,进行方案辅助设计、材料性能预测、过程优化筛选等。其基本原理是通过牛顿经典力学计算物理系统中各个原子的运动轨迹,然后使用一定的统计方法计算出系统的力学、热力学、动力学性质。

在分子动力学中,首先将由 N 个粒子构成的系统抽象成 N 个相互作用的质点,每个质点具有坐标(通常在笛卡儿坐标系中)、质量、电荷及成键方式,按目标温度根据 Boltzmann 分布随机指定各质点的初始速度,然后根据所选用力场(Force Field)中相应的成键和非键能量表达形式对质点间的相互作用能以及每个质点所受的力进行计算。接着,依据牛顿力学计算出各质点的加速度及速度,从而得到经-指定积分步长(Timestep),通常1fs后各质点新的坐标和速度,这样质点就移动了。经过一定的积分步数后,质点就有了运动轨迹。设定时间间隔对轨迹进行保存。最后可以对轨迹进行各种结构、能量、热力学、动力学、力学等的分析,从而得到感兴趣的计算结果。计算容量一般为5000个原子、100ns。其优点在于系统中粒子的运动有正确的物理依据,准确性高,可同时获得系统的动态与热力学统计信息,并可广泛地适用于各种系统及各类特性的探讨。其缺点是粒子移动的时间间隔不能过长,通常为飞秒($1fs = 10^{-15}s$),最多10fs,有时甚至需控制在0.1fs内。按时间步长为1fs计算,粒子移动10^6次模拟时间仅为$10^{-9}s$,即1ns,而对由3000个原子构成的系统,通常计算时间需数十小时,因此,只能观察到纳秒级别的分子运动,无法有效地模拟蛋白质分子的折叠(通常需几秒)甚至核磁共振(Nuclear Magnetic Resonance,NMR)探测到的运动(通常几百纳秒)。尽管如此,在对纳米尺度的系统进行纳秒级别的模拟时,分子动力学有着无可比拟的优势。

目前,得益于分子模拟理论、方法及计算机技术的发展,分子动力学模拟已经成为时下最为广泛采用的计算机庞大复杂系统进行模拟的方法。该方法准确性高,计算能力强,可同时获得系统的动态与热力学统计资料,广泛应用于各种系统及各类特性的探讨。因此,有许多使用方便的分子动力学模拟商业化计算软件陆续问世,如世界上最大的分子模拟软件制造商Accelry公司推出的著名软件Cerius 2和更加大众化的Materials Studio(MS),在高校、企业以及研究院等已成为不可或缺的研究手段与方法。但该方法本身也具有一定的局限性:由于计算过程需采用数理积分方法,它只能研究短时间内系统的运动,无法模拟时间较长的运动(如蛋白质的折叠)。

1.2.2 分子动力学发展历史与趋势

(1)分子动力学的早期发展

最早的MD模拟可以追溯到1957年。Alder和Wainwright通过计算机模拟的方法,研究了32~500个刚性小球分子系统的运动。模拟计算初时,刚性小球分子被置于有序分布的格点上,它们的速度大小相同,但方向是随机分布的,均不一样。刚性小球分子间除完全弹性碰撞外,没有其他任何相互作用。在碰撞间隙,小球分子做匀速直线运动。经过一段时间的模拟后,刚性小球分子的速度达到了Maxwel-Bolzmann分布,Alder和Wainwright分别根据维力定理和径向分布函数(RDF)计算了系统的压力,发现两种方法得到的结果一致。1959年,Alder和Wainwright将MD模拟方法推广到更复杂的具有方群势的分子体系中,探究分子体系的性质与结构变化。

1964年,Rahman依据Lennard-Jones势函数模拟了具有864个Ar原子的体系,得到了与状态方程有关的性质、径向分布函数、速度自相关函数、均方位移(MSD)。此后,其他学者广泛地模拟了具有不同势函数参数的Lennard-Jones模型分子体系,通过体系的结构及各种热力学性质的变化情况,探讨了Lenard-Jones势函数参数对体系结构与性质变化的影响,建立了Lennard-Jones势函数参数与模型分子体系结构及性质之间的关系。

(2)分子力场的发展

分子力场为分子与原子尺度上的一种势能场,决定了分子中原子的拓扑结构与运动行为。

用于 MD 模拟的第一个连续势函数是 Lennard-Jones 势函数。MD 模拟发展早期,广泛研究了 Lennard-Jones 模拟分子体系的结构、状态方程、相变、热力学性质等,将这些结果与统计热力学理论计算结果进行对比,对促进统计热力学的发展具有重要的意义。

分子间相互作用包括库仑相互作用、偶极或多极矩相互作用等。除分子间相互作用外,多原子分子体系的分子力场还包括分子内相互作用。一般地,分子内相互作用包括键伸缩势、键角弯曲势、二面角扭曲势、四点离面势等成键相互作用和非成键相互作用。分子内非键相互作用与分子间相互作用相同,但由于成键相互作用远大于非成键相互作用,一般不计算具有成键相互作用的原子对间的非键相互作用。

较早出现的力场是 Allinger 在 1973 年提出的 MMI/MMP,前者用于计算非共轭体系的有机分子,后者适用于共轭体系的分子。后来的 MM2 力场为 MMPI 的改进,适用于含有离域的 π 电子体系。随着计算机科学的迅速发展,分子力场得到了更大的发展。目前国际上流行的分子力场大致可以分为三大类,其特点如下。第一类分子力场的函数形式简单,适用范围广,能比较合理地预测分子结构,根据某些规则使力场参数化,如 CVFF 和 ESFF 力场。第二类分子力场的函数形式简单,应用的范围比较特定(大部分适合于生物分子),优化力场参数的方法比较多,结果也比较好,能合理地预测分子结构、构象性质、凝聚态性质。属于这类力场的有 AMBER、POLS、CHARMM 力场等。第三类分子力场的函数形式较复杂,适用范围广,优化得到的力场参数比较合理,能比较好地预测分子结构、振动频率、构象性质。属于这类力场的有 Consistent、MM3/MM4、MMFF 力场等。

总的来讲,早期的力场(如 AMBER、MM2、CVFF 等)属于第一代力场,它们的位能函数形式比较简单,并且位能参数主要来自实验数据的拟合。而 CFF91-93、MM3 等力场则属于第二代力场。量子力学从头算能为我们提供大量有价值的信息,从而使得我们可以采用比传统力场复杂得多的解析位能函数。

(3)分子体系运动方程数值方法的发展

在刚性小球分子体系中,除碰撞瞬间外分子间没有任何相互作用,分子的运动轨迹由一系列的折线组成。因此,对刚性小球分子体系的 MD 模拟,算法的核心是计算刚性小球分子间的碰撞时间及其碰撞前后的运动方向和速度的变化,而不是直接利用数值求解刚性小球分子体系的运动方程。相反,对于 Lennard-Jones 模拟分子体系,分子间一直存在相互作用,分子的运动轨迹复杂,必须通过求解体系的运动方程来确定,这就促进了运动方程数值方法的发展。

单原子分子没有内部结构,计算量小,容易实现 MD 模拟。相反,多原子分子具有复杂的内部结构,运动方程更加复杂,计算量大,难以实现 MD 模拟。因此,直到 20 世纪 70 年代,才实现多原子分子体系的 MD 模拟。

对于多原子分子体系,如果包括化学键伸缩势、键角弯曲势等所有分子内的相互作用势都由势函数描述,不存在所谓的约束,则体系运动方程的数值解与单原子分子相同,没有本质区别。常用的 MD 数值积分方法包括 Verlet 算法、预测校正算法及其由 Verlet 算法衍生的蛙跳法、速度 Verlet 法等。但是,如果分子中的化学键等被约束在固定长度或整个分子被约束成刚体,则体系的运动方程将完全不同。

根据经典力学,没有内部自由度的多原子分子可以被近似为刚体,运动状态可以分解为质心的平动和刚体的转动两种独立运动模式。其中,质心的平动与质点力学没有任何区别,不需要另外讨论。刚体的转动通常由欧拉角随时间的演化描述,可以通过数值求解相应的运动方程得到。但是,以欧拉角为变量描述刚体运动时,涉及奇点问题,算法不稳定。为此,Evan 提出以四元数描述刚体运动状态的方法,它很好地克服了奇点问题,成为常用的 MD 模拟算法。

在室温 25℃左右,大多数原子、分子处于基态,分子中的化学键长和键角均在平衡位置附近以很小的幅度振动。因此,假设化学键长和键角在 MD 模拟过程中固定不变,不会对 MD 模拟结果产生显著影响。但是,除键长和键角以外的其他运动自由度(如二面角的旋转)仍被允许,分子不能被近似为质点或刚体。为了利用 MD 模拟研究具有固定键长的约束体系,可以采用 SHAKE 算法、RATTLE 算法等约束体系的 MD 模拟,这是 MD 模拟不可缺少的重要方法,至今仍是非常热门的研究课题。

目前,MD 模拟技术已经成熟,不但可以模拟简单的不具内部自由度的单原子分子和刚性多原子分子,也可以模拟具有内部自由度的多原子分子。即使对于蛋白质、DNA 这样复杂的生物大分子的模拟,也已经没有任何算法上的限制,只有计算机计算能力的限制。

(4)计算机体系的发展

目前,分子动力学模拟的计算主要依赖于计算机的发展。世界上第一台计算机是 1946 年问世的。半个多世纪以来,计算机获得了突飞猛进的发展。在人类科技史上还没有一种学科的发展可以与计算机相提并论。人们根据计算机的性能和当时的硬件技术状况,将计算机的发展分成四个阶段,每一个阶段在技术上都是一次新的突破,在性能上都是一次质的飞跃。

第一个阶段:电子管计算机(1946—1957 年)。该阶段主要特点是:采用电子管作为基本逻辑部件(体积大,耗电量大,寿命短,可靠性大,成本高),采用电子射线管作为存储部件(容量很小),后来外存储器使用了磁鼓存储信息,扩充了容量;输入输出装置落后,主要使用穿孔卡片,速度慢,容易出去,使用十分不便,同时没有系统软件,只能用机器语言和汇编语言编程。

第二个阶段:晶体管计算机(1958—1964 年)。该阶段主要特点是:采用晶体管制作基本逻辑部件(体积减小、重量减轻、能耗降低、成本下降),计算机的可靠性和运算速度均得到提高,普遍采用磁芯作为存储器,采用磁盘/磁鼓作为外存储器;开始有了系统软件(监控程序),提出了操作系统的概念,开发了高级语言。

第三个阶段:集成电路计算机(1965—1969 年)。该阶段主要特点是:采用中、小规模集成电路制作各种逻辑部件,从而使计算机体积小、重量更轻、耗电更少、寿命更长、成本更低,运算速度有了更大的提高;采用半导体存储器作为主存,取代了原来的磁芯存储器,使存储器的容量和存取速度有了大幅度的提高,提高了系统的处理能力;系统软件有了很大发展,出现了分时操作系统,多用户可以共享计算机软硬件资源;在程序设计方面上采用了结构化程序设计,为研制更加复杂的软件提供了技术上的保证。

第四个阶段:大规模、超大规模集成电路计算机(1970 年至今)。该阶段主要特点是:基本逻辑部件采用大规模、超大规模集成电路,使计算机体积、重量、成本均大幅度降低,出现了微型机;作为主存的半导体存储器,其集成度越来越高,容量越来越大,外存储器除广泛使用软、硬磁盘外,还引进了光盘;各种使用方便的输入输出设备相继出现;软件产业高度发达,各种实用软件层出不穷;计算机技术与通信技术相结合,计算机网络把世界紧密地联系在一起;多媒体技术崛起,计算机集图像、图形、声音、文字处理于一体,在信息处理领域掀起了一场革命,与之对应的信息高速公路正在紧锣密鼓地筹划实施当中。

从20世纪80年代开始,日本、美国以及欧洲等发达国家都宣布开始新一代计算机的研究。现代超级计算机可以模拟多达上千亿个原子,实现纳秒级的演化时间。例如,浮点运算峰值速度达10^5次/s的超级计算机运行一天,可以实现的模拟量达到NT=2.14原子·秒($N=2.14 \times 10^6$个原子)。但是,大多数MD模拟工作者难以得到这样的超级计算机的计算服务,只能使用约每秒万亿次的中小型集群式计算系统。目前,除传统的CPU计算系统外,MD模拟工作者的另一个选择是图形处理单元(Graphical Processing Unit,GPU)计算系统。GPU计算系统的主要特点是并行性能优越,性能价格比远高于CPU计算系统。利用GPU计算系统,可以以小型集群式计算系统的成本,得到大型计算系统的浮点运算速度。例如,英伟达公司的M2090 GPU运算卡包含16个多处理器,每个多处理器又包含32个计算核芯,总共多达512个计算核芯。该GPU运算卡的单精度浮点峰值运算速度达到每秒1.331万亿次甚至以上,价格约2万元。因此,GPU计算系统正吸引越来越多的MD模拟工作者使用。

GPU并不是一项新的发明,它早已被广泛应用于传统的CPU计算机,作为图形处理器用于提高图形处理速度。因此,GPU计算系统是MD模拟工作者容易得到或可以以低廉的价格得到的一种计算资源。GPU计算系统的缺点:GPU作为硬件资源已广泛配备,但程序架构上的差异使得原本为CPU开发的分子动力学程序不能直接迁移至GPU平台;不能直接使用MD模拟软件编写FORTRAN等程序设计语言。GPU计算系统通常使用一种与简化版C语言相似的编程语言,称为统一计算架构(Compute Unified Device Architecture,CUDA)。因此,即使运用C语言编写的MD程序,移植到GPU计算系统上运行时仍需要大量的改写和调试工作。与CPU计算不同,GPU计算擅长浮点运算,但不擅长逻辑运算密集的算法。因此,为了得到更好的效果,必须把CPU计算和GPU计算结合起来,如利用CPU进行作业调度等逻辑运算,利用GPU进行浮点运算。

1.2.3 分子动力学模拟的应用与意义

目前MD模拟在材料科学与工程领域已有广泛应用,在诸如材料断裂机理、金属间化合物的面缺陷能、晶体稳定性、金属熔化过程、薄膜生长、金属表面沉积过程、纳米材料、分子生物学体系以及特殊条件下计算机模拟等方面都有着广泛的研究。

(1)MD模拟的应用

①高分子体系的模拟

Bernard Delleyl在周期性边界的条件下运用Dmol3-COSMOI 11方法建立了高分子的溶解和界面作用的模型。这种新模型的建立使固体内表面的几何优化,动力学、振动分析都很容易模拟。这种方法可以准确地确定高分子混合物的热力学性质,如水合能、蒸汽压、分配系数等。运用这种方法来研究固液体系,只需要选取少量的溶剂分子。这种方法将开辟固液界面模拟的新纪元。

聚酰亚胺(PI)是一类以酰亚胺环为特征结构的芳杂环聚合物,是迄今为止工业上应用耐热等级较高的聚合物材料之一,它在极大的温度范围内具有优异的性能,被广泛应用于航空、航天、核电和微电子等领域。但它也存在一些不可忽视的问题,如在微电子方面吸水性和热膨胀系数不能满足要求等。目前,提高PI综合性能的主要途径是改性。李青等应用Materials Studio来模拟单链PI的分子动力学行为。对PI的两种结构[(M-PI)和(O-PI)]进行研究,在

300K 和 600K 温度下对体系单链的动力学行为进行模拟,了解到协同环旋转主要是同相旋转而协同链段扭转主要是异相扭转。杨红军、殷景华、雷清泉采用 MS 分子模拟技术,系统地模拟了掺杂纳米 a-Al₂O₃ 和 SiO₂ PI 复合材料的结构和性能。结果表明:PI 具有近程有序而远程无序的三维非晶形结构,元胞的形状接近立方体纳米 a-Al₂O₃,比 SiO₂ 掺杂 PI 改性效果好,纳米掺杂引起了 PI 结构、晶体类型和性能的改变。

②含固体材料的界面的模拟

由于很多化学现象都是在界面上发生的,而且界面处的很多性质与本体有很大的区别,发展界面的模拟既是进行其他研究的需要,也是模拟技术本身发展的挑战,不同的界面需要采用不同的模拟手段。对金属氧化物的表面和界面来说,最佳的方案就是将量化计算和分子动力学模拟结合起来。但如果研究的是表面和其他分子的相互作用,则可以先采用量化计算得出优化的表面结构,然后将此表面结构固定,采用 MD 方法来模拟其他分子在其表面的分布、吸附等性质。在模拟复杂的膜界面问题时,可以采用合理的简化模型,将复杂的界面抽象成简单的模型膜界面,这样可以很好地研究一些界面处的共性问题。对界面模拟很重要的分析方法就是对界面处的各种粒子的密度分布进行统计。界面模拟的发展必须依靠多尺度模拟方法的提高。

③表面和薄膜的模拟

在包装工业和选择性分离膜的设计工业中,需要大量小分子气体在高分子材料中扩散的力学性能信息,通过分子模拟可以得到大量可靠的信息,对合成合适的高分子膜起到了巨大的帮助作用。M. Meunierl 证明了 Materials Studio 的 MD 模拟能够准确地预测小分子气体在高分子材料中的扩散系数。为了建立气体扩散模型,他运用 Materials Studio 的 Amorphous 模块构建了不同构型的高分子长链和气体分子,运用 MD 模拟使体系达到平衡,分析结果得到在 298K 下的扩散系数偏高,这是由于链的柔顺性取决于链的长度,而实验选取的模型链长度太短。

④分子生物学体系的模拟

随着生物学知识的积累和计算机技术的发展,分子模拟技术成为研究生命过程的新方法,生物学家将有可能利用这种新的工具来研究生命过程机制,建立生命复杂体系的分析系统和计算机虚拟实验室。典型的是日本庆应义塾大学学者设计的电子细胞 E-cell 和美国康涅狄格大学学者设计的虚拟细胞 V-cell。通过这种电子细胞的计算机平台,当我们输入一定信号和刺激时,它就可以通过画面和数字,反映细胞不同时间、不同空间、不同物质的变化和反应,从而使我们实时地看到某个因素和环节对细胞、整体及生命活动的影响。

在过去的 15 年中,基于经典分子力学的原子级的分子建模技术在生物化学体系中取得了巨大的成功,这可以通过制药工业对分子模拟的广泛认可和使用得到证明,由于有机分子在结构和官能团上的高度相似性,分子动力学模拟中所使用的势能函数在不同但相近分子之间具有良好的外推能力。许多研究者对生物体系和大分子体系都进行了分子模拟研究,这些体系的研究通常进行得较深入,成果也较丰富,主要的难点在于采用简化的手段来处理大分子,提高计算的效率。

⑤纳米材料模拟

利用 MD 模拟技术协助催化剂在化学反应路径、过渡态、反应机理和性能等方面的研究,代替了传统化学合成、结构分析和物理检测等方法,使催化剂更具有选择性,缩短了新型催化剂的研制周期,降低了开发成本,已成为催化剂设计与模拟过程中不可或缺的手段,极大地推动了催化科学的发展。

Tokarsk'y 等采用水热合法制备了光敏石英砂/TiO$_2$复合材料,研究了环境中石英表面TiO$_2$粒子的结构顺序,结果表明优化后的纳米 TiO$_2$(001)颗粒表现出强的黏附力,间接证明了原子结构中 Ti—O—Si 键的存在。Praus 等制备了由 ZnS 壳包裹 CdS 核的纳米颗粒,并模拟计算了优化后的 ZnS/CdS 纳米颗粒壳层厚度和核半径。研究结果表明,CdS 核的平均半径为2.619nm,1、2 和 3 层 ZnS 壳的平均厚度分别为 0.353nm、0.408nm 和 0.403nm,与理论上 ZnS分子层厚度 0.31nm 相差不大。刘子传等将 Ag$^+$、Fe^{3+}、Pt^{4+}和 La^{3+}离子掺杂到纳米 TiO$_2$颗粒中,并使用 Dmol 3 和 CASTEP 模块计算掺杂改性纳米颗粒的能带结构和光吸收系数。无掺杂的纳米 TiO$_2$颗粒的禁带宽度为 2.06eV,而掺杂 Ag$^+$、Fe^{3+}、Pt^{4+}和 La^{3+}的纳米 TiO$_2$颗粒的禁带宽度分别为 1.09eV、1.29eV、1.41eV 和 0.89eV,改性后的纳米 TiO$_2$颗粒的禁带宽度变窄,尤其是掺杂 Ag$^+$和 La^{3+}离子的。无掺杂金属离子的纳米 TiO$_2$颗粒的光吸收波长几乎不超过388nm,而掺杂后的纳米 TiO$_2$颗粒吸收波长发生红移。光吸收强度的增大生成了更多的电子-空穴,提高了纳米 TiO$_2$颗粒的光催化性能。

(2)MD 模拟的意义

MD 模拟是一种研究分子体系结构与性质的重要方法,已被广泛用于化学化工、生物医药、材料科学与工程、物理等学科领域。MD 模拟最直接的研究结果是分子体系的结构特征,包括:溶液中的配位结构,生物和合成高分子的构型与形貌,生物和合成高分子与溶剂分子或其他小分子配体之间的相互作用,分子在固体表面的吸附与分布,分子在重力场、电磁场等外场中的取向与分布,等等。

除了研究分子体系的结构特征之外,通过 MD 模拟方法还可以研究分子体系的各种热力学性质,包括体系的动能、势能、焓、吉布斯自由能和亥姆霍兹自由能、热容等;通过 MD 模拟,不仅可以得到与体系的状态方程有关的密度、压强、体积、温度等之间的关系,还可以根据体系的能量和自由能,直接或间接地研究体系的相变与相平衡性质等。此外,利用 MD 模拟可以研究分子体系的速度自相关函数、速度互相关函数、MSD 等性质,并由此计算体系的自扩散系数、互扩散系数、黏度系数等各种迁移性质。利用非平衡 MD 模拟,还可以研究各种热力学流与热力学力之间的关系,得到 Onsager 意义上的唯象系数。最后,利用反应性分子力场 MD 模拟或 AIMD 模拟,还能得到化学键的断裂和生成等与化学反应有关的性质。

1.3 分子模拟的统计力学基础

统计力学是分子动力学和 Monte Carlo 方法的理论基础,因此分子模拟方法也称为计算统计力学(Computational Statistical Mechanics)方法。以统计力学为基础的分子模拟可以准确地估计分子的性质,进而获取体系的宏观性质。统计力学是现代物理学的一个重要分支,也是MD 模拟方法的理论基础。本节将介绍 MD 模拟的统计力学基础,主要包括 Hamilton 体系的统计力学、非 Hamilton 体系的统计力学、MD 模拟方法实现多种系综分布等内容。

1.3.1　统计力学的基本概念

一般来说,统计力学与热力学解决的问题类似,只是角度不同,前者是在宏观层面上进行处理,而后者是在微观层面上运作。热力学主要用于处理热、功、压力、温度与其他形式的能量的关系,以及材料的物理参数和特性,而统计力学则是应用统计和概率方法来确定气体原子和分子的行为,因此统计力学可以视为热力学发展的结果。本节将从宏观角度,即热力学角度,对相关基本概念进行阐述。

（1）热力学体系与状态

热力学和统计力学的研究对象都是由大量原子、分子等微观粒子组成,并与其周围环境相互作用的宏观体系,即热力学体系。只有少数几个微观粒子组成的体系没有代表性,不能称为热力学体系。

在热力学和统计力学中,常根据体系与环境的相互作用对热力学体系进行分类:①与环境没有任何相互作用的热力学体系称为孤立体系;②与环境有能量交换但没有物质交换的体系称为封闭体系;③与环境既有能量交换又有物质交换的体系称为开放体系。根据组成体系物质的化学性质对热力学体系进行分类:①由一种化学物质组成的热力学体系称为单元系;②由两种或两种以上的化物质组成的热力学体系称为多元系。根据组成体系各区域的性质对热力学体系进行分类:①各区域的所有性质完全相同的热力学体系称为均相体系;②各区域具有不同的性质或各区域的性质具有差异的热力学体系称为非均相体系;③整个热力学体系的性质不均匀,但可以分成若干个均相区域的热力学体系称为多相体系。

任意热力学态,所有状态参数都应有各自确定的数值;反之,一组确定的状态参数可以确定一个热力学状态。事实上,状态参数仅取决于体系所处的热力学状态本身,与体系达到该状态所经历的途径或过程无关。

热力学体系总是处在一定的宏观状态,但只有热力学平衡状态才可以用一组确定的参数描述,热力学非平衡状态则不能。热力学平衡状态是指那些在没有外界影响的条件下不随时间而变化的状态。显然,处于热力学平衡状态的体系,其内部必然存在着热平衡、力平衡,在有化学反应的同时还存在着化学平衡。需要指出的是,平衡状态只是一个理想概念,世界上不存在不受外界影响、状态参数绝对不变的热力学体系。但是,在许多情况下,如果体系的实际状态偏离平衡状态并不远,将其处理成平衡状态可以大大降低分析和计算的复杂性。

热力学体系由大量微观粒子组成,即使热力学体系的宏观状态确定,组成热力学体系的微观子仍可以处在不同的运动状态。因此,即使热力学体系的宏观状态完全确定,体系中各微观粒子的运动状态仍不确定。这种微观粒子的运动状态总称为热力学体系的微观状态。在量子力学中,热力学体系的微观状态就是热力学体系中各微观粒子量子态的总和。

（2）热力学体系宏观状态的描述

热力学体系宏观状态可以通过一组宏观物理量来描述,这些量包括系统的温度、压力、体积、内能、熵等,它们综合反映了系统的整体特性和平衡状态,而不需要涉及系统的微观细节,如分子的具体位置和动量。这些宏观量的变化遵循热力学定律,能够描述系统在不同热力学过程中的行为和转换。

（3）热力学体系微观状态及经典力学描述

根据经典力学理论，一个自由度为 f 的热力学体系的微观状态由 f 个广义坐标 q_i 和 f 个广义动量 p_i 确定，或以广义坐标矢量 q 和广义动量矢量 p 表示，简写为 (q, p)。如果把 f 个广义坐标和 f 个广义动量看成 $2f$ 维空间中的 $2f$ 坐标，就构成了状态空间，又称相空间或 Γ 空间。在相空间中，任何热力学体系在任一瞬间的微观状态，与相空间中的一个代表点对应。

在经典力学中，只要给定某初始时刻 t_0 时热力学体系中各粒子的广义坐标矢量 $q(t_0)$ 和广义动量矢量 $p(t_0)$，就可以由热力学体系的 Hamilton（哈密顿）运动方程单值地确定任意 t 时刻的 $q(t)$ 和 $p(t)$，并且 $q(t)$ 和 $p(t)$ 随时间连续变化，在相空间描绘出一条连续曲线，称为相轨迹。

（4）热力学体系微观状态的量子力学描述

热力学体系的微观状态在量子力学中的描述是通过量子态的概念来实现的。在量子力学中，微观体系的性质总是在它们与其他体系，特别是观察仪器的相互作用中表现出来。人们对观察结果用经典物理学语言描述时，发现微观体系在不同的条件下，或主要表现为波动图像，或主要表现为粒子行为。量子态的概念所表达的，是微观体系与仪器相互作用而产生的表现为波或粒子的可能性。此外，量子力学中的微观状态还涉及波函数，它包含了关于粒子的所有信息，如位置、动量和能量等，并且遵循薛定谔方程进行演化。在量子力学框架下，微观状态的描述还包括了量子态的叠加原理，即不同量子态的概率幅可以相加，从而得到新的量子态。这些描述共同构成了量子力学对热力学体系微观状态的全面描述。

（5）热力学体系微观状态数

为了确定由连续的广义坐标矢量 q 和广义动量矢量 p 描述的热力学体系中微观状态的数目，将各广义坐标分量 q_i 和广义动量分量 p_i 的许可值分割成许多微小间隔，间隔的大小分别为 δq_i 和 δp_i，并且，乘积 $\delta q_i \times \delta p_i$ 等于一个与 i 无关、具有固定大小的任意微小常数。经过这样的分割后，相空间被分割成许多具有同样体积的 $2f$ 维体积元，称为相格。这些相格既可以用位于相格内的一组广义坐标和广义动量 $(q_1, q_2, \cdots, q_f; p_1, p_2, \cdots, p_f)$ 进行标记，也可以用一组数字 $r = 1, 2, 3, \cdots$ 进行标记。根据经典力学理论，广义坐标和广义动量均可以连续变化，δq_i 和 δp_i 可以取任意微小的数值，因而可以用相格以任意精度近似描写热力学微观状态 $(q_1, q_2, \cdots, q_f; p_1, p_2, \cdots, p_f)$。

虽然经典力学对 δq_i 和 δp_i 的大小没有任何限制，但是，根据 Heisenberg 测不准原理，任何测量方法不能同时精确测定广义坐标 q_i 及其对应的广义动量 p_i，这两个量的测量误差必须满足 $\delta q_i \times \delta p_i \geqslant h$。因此，在量子力学中，相格不能任意缩小，$2f$ 维相空间中相格体积也不能小于 $\prod_{i=1}^{f} \delta q_i \times \delta p_i = h^f$。所以，热力学体系的微观状态数必须有限。

当体系由 N 个独立的全同粒子组成时，可以把 $2f$ 维相空间分解为独立的 N 个 $2d$ 维子空间（d 为单个粒子的自由度或量子态）。这 $2d$ 维子空间称为子相间或 μ 空间。如果我们在某一时刻分别给出所有 N 个粒子在其对应 μ 空间中的状态点，那么，μ 空间中同时有 N 个代表点。这 μ 空间中 N 个代表点，与 Γ 空间中的一个代表点相对应。相空间中的体积元 $d\Gamma$ 为

$$d\Gamma = dq_1 dq_2 \cdots dq_f dp_1 dp_2 \cdots dp_f = d\boldsymbol{q} d\boldsymbol{p} \tag{1-1}$$

子相空间中的体积元 $d\mu_i$ 为

$$d\mu_i = dq_{1,i} \cdots dq_{d,i} dp_{1,i} \cdots dp_{d,i} = d\boldsymbol{q}_i d\boldsymbol{p}_i \tag{1-2}$$

若各子相空间中的体积元大小一致，则

$$dΓ = \prod_{i=1}^{N}(dq_{1,i}\cdots dq_{d,i}dp_{1,i}\cdots dp_{d,i}) = (dμ)^N \tag{1-3}$$

1.3.2 统计系综与可实现微观状态

(1)统计系综

在科学研究中,经常需要对各种天然或人工的体系进行观察或实验。但是,由于各种偶然或必然的原因,一次或几次观察或实验不能保证全面地掌握体系的特征,实现对体系行为的预测。为了全面掌握、正确预测体系的行为,一方面可以通过反复观察和记录不同时刻体系的行为,总结体系的长期统计行为,实现对体系的统计描述。另一方面,可以在大量复制所观察体系的基础上观察和记录各个复制品体系的行为,作为研究体系行为的实验素材。在统计力学中,这些复制品体系的集合,称为统计系综。

统计系综是统计力学的概念,表示大量具有相同宏观状态,但处在不同的微观状态的热力学体系的集合。这些热力学体系相互独立、无相互作用。也就是说,统计系综是热力学体系的集合,既不是同一个热力学体系在相空间中的代表点的集合,也不是热力学体系微观状态的集合。统计系综不是实际存在的热力学体系,而是想象中的这些热力学体系的集合。从量子力学的角度看,统计系综是热力学体系所有可实现量子态的总和的形象化代表。

在复制热力学体系时,必须满足一定的条件:复制品热力学体系必须具有相同的化学组成、温度、压力、总能量等。在统计力学中,把具有相同的化学组成、体积、总能量的热力学体系的集合称为微正则系综,或 NEV 系综;把具有相同化学组成、体积、温度的热力学体系的集合称为正则系综,或 NVT 系综;把具有相同化学组成、压力、温度的热力学体系的集合称为等温-等压系综,也称 NPT 系综。

(2)可实现微观状态数

可实现微观状态即可实现的量子态,是宏观热力学体系在一定的约束条件下可能达到的量子态。微正则系综的约束条件是 N、E、V,因此微正则系综的可实现量子态的总数可以写成函数 $Ω(N,E,V)$ 的形式。相应地,正则系综和 NPT 系综的约束条件分别是 N、V、T 或 N、P、T,可实现量子态的总数可分别写成函数 $Ω(N,V,T)$ 和 $Ω(N,P,T)$ 的形式。

1.3.3 统计系综的概率分布

统计系综中的热力学体系处在各可实现的微观状态 r 的概率成为统计系综的概率分布,简称为统计分布,以 $ρ_r$ 表示。若以能量 E 表征热力学体系,则统计分布也可成为能量分布,以 $ρ(E)$ 表示。概率分布也可以表示为体系的广义坐标和广义变量的函数 $f(\boldsymbol{q},\boldsymbol{p},t)$。

(1)微正则系综

微正则系综必须是孤立的、与外界没有任何物质和能量的交换,其容器也必须刚性、没有任何体积变化。微正则系综的概率分布称为微正则分布。

$$ρ(E_r) = \begin{cases} 1/Ω(N,E_r,V) & (E \leqslant E_r < E + δE) \\ 0 & (E_r \geqslant E + δE \text{ 或 } E_r < E) \end{cases} \tag{1-4}$$

式中:$Ω(N,E_r,V)$——体系可实现的状态数。

(2)正则系综

正则系综的热力学体系必须处在刚性容器之中,没有任何体积变化,与环境之间也没有物质的交换。但是,如果正则系综热力学体系与外界没有能量交换,则热力学体系的温度将因其组成粒子的动能与势能之间的相互转化而发生波动。为了保证正则系综热力学体系的温度恒定,每个热力学体系必须与一个热容巨大、温度为 T 的恒温热浴接触。同时,为了保证热力学体系与热浴随时处于热平衡状态,它们之间的热传导速度必须达到无穷大。因此,正则系综热力学体系的总能量是变化的,不是固定的。

正则系综的概率分布称为正则分布。体系处于总能量为 E_r 的某个微观状态 r 的概率为

$$\rho(E_r) = Z^{-1}\exp(-\beta E_r) \tag{1-5}$$

式中: β——$\beta = 1/k_B T$;

Z——配分函数,由下列遍及所有的可能微观状态 r 的求和得到。

$$Z = \sum_r \exp(-\beta E_r) \tag{1-6}$$

(3)巨正则系综

在微正则系综和正则系综中,体系与环境之间没有物质交换。但是,许多自然界存在的体系或实验室人工体系都与外界发生物质交换。例如,在萃取分离中,如果把其中的水相(油相)作为研究对象(体系),则体系水相(油相)与环境油相(水相)间既存在能量交换,也存在物质交换。巨正则系综与环境之间存在能量和物质交换的热力学体系的抽象。巨正则系综是温度 T、体积 V、化学势 μ 都相同的热力学体系的集合。从物理学角度来看,巨正则系综所研究的热力学体系都与一个巨大的热浴和粒子源接触,彼此达到平衡状态。巨正则系综的体系也可理解为一个巨大的孤立体系中的一小部分,这一小部分与其他部分之间存在充分的物质和能量交换。

巨正则系综的体系处在总能量 E_s、粒子数 N_r 的量子态 r 的概率为

$$\rho(N_r, E_s) = Y^{-1}\exp(-\alpha N_r - \beta E_s) \tag{1-7}$$

称为巨正则分布。巨正则系综的配分函数为

$$Y = \sum_{r,s}\exp(-\alpha N_r - \beta E_s) \tag{1-8}$$

其中,求和遍及体系的所有可能量子态。

(4)NPT 系综

前面讨论的三种正则系综中,微正则系综和正则系综分别对应由绝热壁或导热壁制造的刚性容器中的热力学体系。由于这两种正则系综的体积固定,它们的压力可以在很大的范围内波动。但是,大多数化学实验都在敞口容器或与外界压力平衡的容器中进行,体系的压力固定或几乎固定;相反,体系的体积却可以自由变化。这样的热力学体系构成 NPT 系综,是化学中最常用的系综。

NPT 系综常通过一个具有可自由移动活塞、器壁导热性能良好、与巨大的温热浴接触的容器实现。活塞的质量决定体系的压力,恒温热浴的温度 T 决定体系的温度。

(5)系综的热力学等同性

系综的热力学等同性是指在统计物理中,对于大量具有相同宏观性质的独立系统的集合,即系综,其宏观热力学性质可以通过对时间求平均或者对系综求平均得到相同的结果。这意味着,对于一个具有大数自由度的体系,我们可以通过研究单个系统在时间上的平均行为,或者研究由大量全同系统组成的系综的统计行为,来获得相同的宏观热力学性质。这种等同性是统计物理中一个重要的概念,因为它允许我们从微观的量子态出发,通过统计方法来推导出

宏观热力学的性质。简而言之,系综的热力学等同性表明,微观状态的统计描述与宏观热力学的描述在本质上是一致的。

1.3.4 非 Hamilton 体系的统计理论

一般情况下,在分子模拟的统计过程中,通常会通过 Hamilton 力学对体系能量进行求解。Hamilton 力学是经典力学的表现形式之一,用广义坐标和广义动量描述运动,用正则方程描述坐标和动量的演化,用 Hamilton 量来构建正则方程。构建一个物理系统,可以视为构建它的 Hamilton 量。通过构成体系的微观粒子的力学量表示体系的能量,叫作这个体系的 Hamilton 量。

(1)Liouville 方程

对任何经典力学体系,只要给定体系的 Hamilton 函数,即

$$H(\boldsymbol{p},\boldsymbol{q}) \equiv H(q_1,\cdots,q_f;p_1,\cdots,p_f) = \sum_{i=1}^{f}\frac{p_i^2}{2m_i} + u(q_1,\cdots,q_f)\cdots \tag{1-9}$$

就可以得到体系的 Hanmilton 运动方程,即

$$\begin{cases} \dot{q}_i = \dfrac{\partial H}{\partial p_i} = \dfrac{p_i}{m_i} \\ \dot{p}_i = -\dfrac{\partial H}{\partial q_i} = -\dfrac{\partial u(q_1,\cdots,q_f)}{\partial q_i} = f_i \end{cases} \tag{1-10}$$

Hamilton 运动方程具有重要的性质,包括:①Hamilton 运动方程对时间反演可逆,当对运动方程的时间变量作 $t \to -t$ 变换时,运动方程不变。由于运动方程对时间反演可逆,对应的微观过程也对时间反演可逆,与时间的方向无关。②在体系随时间的演化过程中,体系的 Hamilton 函数守恒,即

$$\frac{\mathrm{d}H}{\mathrm{d}t} = \sum_{i=1}^{f}\left(\frac{\partial H}{\partial q_i}\dot{q}_i + \frac{\partial H}{\partial p_i}\dot{p}_i\right) = \sum_{i=1}^{f}\left(\frac{\partial H}{\partial q_i}\frac{\partial H}{\partial p_i} - \frac{\partial H}{\partial p_i}\frac{\partial H}{\partial q_i}\right) = 0 \tag{1-11}$$

由于体系的 Hamilton 函数对应体系的总能量,它的守恒与能量守恒等价。为了表述方便,引入新的符号 $\boldsymbol{x} = (\boldsymbol{q},\boldsymbol{p}) = (q_1,\cdots,q_f;p_1,\cdots,p_f)$,用于统一表达并处理体系的广义坐标和广义动量。根据统计系综的概念,$\boldsymbol{x}$ 表示 $2f$ 维相空间中的一个矢量,对应相空间中的一个点,即代表点。同时,组成统计系综的任何一个经典力学体系都与相空间中的一个代表点对应,而相空间中全部点的集合代表了统计系综的所有体系。在统计系综理论中,一个系综完全由系综分布函数 $f(\boldsymbol{q},\boldsymbol{p},t) \equiv f(\boldsymbol{x},t)$ 确定,系综分布函数满足 Liouville 方程,即

$$\frac{\mathrm{d}f(\boldsymbol{x},t)}{\mathrm{d}t} = \frac{\partial f(\boldsymbol{x},t)}{\partial t} + \dot{\boldsymbol{x}} \cdot \nabla f(\boldsymbol{x},t) = 0 \tag{1-12}$$

式中,∇ 表示 $2f$ 维想空间中的梯度。Liouville 方程是系综分布函数 $f(\boldsymbol{x},t)$ 守恒的直接结果,表明任意相空间体积中相点的变化等于流经该相体积边界的相点数。系综分布函数 $f(\boldsymbol{x},t)$ 守恒也表明相空间度量守恒,即体积元是不变量。

$$\mathrm{d}\Gamma = \mathrm{d}\boldsymbol{x}^{2f} = \mathrm{d}\boldsymbol{x} = \mathrm{d}\boldsymbol{q}^f\mathrm{d}\boldsymbol{p}^f = \mathrm{d}\boldsymbol{q}\mathrm{d}\boldsymbol{p} \tag{1-13}$$

根据系综分布函数,可以计算任意力学量 $A(\boldsymbol{x})$ 的系综平均:

$$<A> = \frac{\int \mathrm{d}\boldsymbol{x}f(\boldsymbol{x},t)A(\boldsymbol{x})}{\int \mathrm{d}\boldsymbol{x}f(\boldsymbol{x},t)} \tag{1-14}$$

（2）非 Hamilton 体系的统计力学

假设,某动力学体系的广义坐标和广义动量的演化不符合 Hamilton 运动方程,但遵循下列运动方程,即

$$\dot{x} = \xi(x, t) \tag{1-15}$$

式中: $\xi(x, t)$ ——体系的广义力,显含时间 t。

由于体系的演化不遵循 Hamilton 运动方程,该动力学体系是非 Hamilton 体系。定义相空间的压缩率:

$$\kappa(x, t) = \nabla \cdot \dot{X} \tag{1-16}$$

根据统计力学理论,Hamilton 体系相空间不可压缩,压缩率 $\kappa(x, t) \equiv 0$,相空间体积元 $d\boldsymbol{\Gamma} = dx^{2f}$ 是不变量。相反,非 Hamilton 体系相空间可压缩,压缩率 $\kappa(x, t) \neq 0$,相空间体积元 $d\boldsymbol{\Gamma} = dx^{2f}$ 不再是不变量。

对于该非 Hamilton 体系,如果 0 时刻体系处于初始相点 x_0,t 时刻体系演化到相点 x_t,则演化前后的两个相点可以通过 Jacobi 变换矩阵联系起来。

$$J(x_t; x_0) = \frac{\partial(x_t^1, \cdots, x_t^{2f})}{\partial(x_0^1, \cdots, x_0^{2f})} \tag{1-17}$$

式中, $J(x_t; x_0) = 1$, $J(x_t; x_0)$ 随时间的演化由式(1-18)给出。

$$\frac{d}{dt} J(x_t; x_0) = \kappa(x_t, t) J(x_t; x_0) \tag{1-18}$$

由式(1-18)可知,只有压缩率 $\kappa(x_t, t)$ 恒等于 0 的 Hamilton 体系,Jacobi 矩阵 $J(x_t; x_0)$ 才恒等于 1。相反,非 Hamilton 体系的相空间度量或体积元按下式变换:

$$dx_t = J(x_t; x_0) dx_0 \tag{1-19}$$

仅当 $J(x_t; x_0) \equiv 1$ 时, $dx_t \equiv dx_0$;当 $J(x_t; x_0) \neq 1$ 时, $dx_t \neq dx_0$。

虽然在 Hamilton 体系中,体积元 $d\boldsymbol{\Gamma}$ 是不变量,但在非 Hamilton 体系统计理论中,不变度量取如下形式:

$$d\boldsymbol{\Gamma}' = \sqrt{g(x, t)} \, dx \tag{1-20}$$

式中: $\sqrt{g(x, t)}$ ——度量因子,由式(1-21)计算。

$$\sqrt{g(x, t)} = \exp(-w(x, t)) \tag{1-21}$$

函数 $w(x, t)$ 与压缩率 $\kappa(x, t)$ 的关系为

$$\frac{dw(x, t)}{dt} = \kappa(x_t, t) \tag{1-22}$$

与 Hamilton 体系的 Liouville 方程对应,非 Hamilton 体系的概率分布函数 $f(x, t)$ 满足广义 Liouville 方程:

$$\frac{\partial}{\partial t}(\sqrt{g} f) + \nabla \cdot (\dot{x} \sqrt{g} f) = 0 \tag{1-23}$$

在没有外界驱动力或与时间显式相关的作用力的条件下,非 Hamilton 体系微正则系综可以通过不变度量定义。如果动力系统存在 M 个守恒量 $K_\lambda(x)$ 满足

$$\frac{d K_\lambda(x)}{dt} = 0 \quad (\lambda = 1, \cdots, M) \tag{1-24}$$

则微正则系综的分布函数为

$$f(\boldsymbol{x}) = \prod_{\lambda=1}^{M} \delta(K_\lambda(\boldsymbol{x}) - \overline{K}_\lambda) \tag{1-25}$$

对应的配分函数为

$$\Omega(N, V, \overline{K}_1, \cdots, \overline{K}_M) = \int \mathrm{d}\boldsymbol{x} \ \sqrt{g(\boldsymbol{x})} \prod_{\lambda=1}^{M} \delta(K_\lambda(\boldsymbol{x}) - \overline{K}_\lambda) \tag{1-26}$$

（3）拓展 Hamilton 体系的分子动力学模拟

在正则系综和 NPT 系综 MD 模拟理论的发展过程中,Andersen 引入的调控体系压力的扩展体系方法是朝着建立正确的、系统一致的 MD 模拟理论方向迈出的第一步。不久,这种方法便被 Nosé 和 Hoover 用于调控模拟体系的温度。后来,这种扩展体系方法被进一步统一在扩展 Hamilton 体系 MD 模拟的概念之下,用于系统推导各种非微正则系综的 MD 模拟算法,成为实现各种系综的 MD 模拟的主要方法。

扩展 Hamilton 体系的 MD 模拟理论涉及复杂的数学推导,不为一般的 MD 模拟使用者所熟悉。因此,不追求数学上的完善,只介绍扩展 Hamilton 体系 MD 模拟理论的大致思路。

①Nosé 算法

受 Andersen 在恒压 MD 模拟中通过引入广义变量扩展 Hamilton 函数的思想启发,1984 年 Nosé 提出了在恒温 MD 模拟中通过引入额外变量扩展 Hamilton 函数的方法,实现模拟体系与热浴之间的耦合。具体方法是:引入额外的广义坐标 s 及其对应的动量 p_s 作为体系的额外自由度,利用与广义坐标 s 对应的广义力修正体系中各粒子的速度,实现体系与热浴之间的耦合。Nosé 扩展体系的 Hamilton 函数为

$$H(\boldsymbol{r}, \boldsymbol{p}, s, p_s) \equiv \sum_{i=1}^{N} \frac{p_i^2}{2m_i s^2} + u(\boldsymbol{r}_1, \cdots, \boldsymbol{r}_N) + \frac{p_s^2}{2Q} + 3N k_B T \ln s \tag{1-27}$$

扩展体系的运动方程为

$$\begin{cases} \dot{\boldsymbol{r}}_i = \dfrac{\partial H}{\partial \boldsymbol{p}_i} = \dfrac{\boldsymbol{p}_i}{m_i s^2} \\[2mm] \dot{\boldsymbol{p}}_i = -\dfrac{\partial H}{\partial \boldsymbol{q}_i} = -\dfrac{\partial u(\boldsymbol{r}_1, \cdots, \boldsymbol{r}_N)}{\partial \boldsymbol{r}_i} = \boldsymbol{f}_i \\[2mm] \dot{s} = \dfrac{\partial H}{\partial p_s} = \dfrac{p_s}{Q} \\[2mm] \dot{p}_s = -\dfrac{\partial H}{\partial s} = \dfrac{1}{s}\left(\sum_{i=1}^{N} \dfrac{\boldsymbol{p}_i^2}{m_i s^2} - 3Nk_B T \right) \end{cases} \tag{1-28}$$

Nosé 方法的最大贡献是通过扩展体系 Hamilton 函数的方法,在 MD 模拟中实现正则分布,成为 MD 模拟理论的基础。但是,Nosé 方法是通过对虚拟时间的等距采样来实现正则分布的,但在真实时间上不能等距采样,给后期计算和处理带来困难。同时,Nosé 方法的扩展 Hamilton 函数不满足辛几何结构,无法采用目前在效率和稳定性上最好的辛算法,对简单体系的模拟也不满足准各态历经假设。

②Nosé-Hoover 算法

为了克服 Nosé 方法的缺点,Hoover 发展了 Nosé 方法的扩展体系 MD 模拟方法,实现了正则系综的 MD 模拟。Hoover 的扩展体系运动方程具有如下形式:

$$\begin{cases} \dot{\boldsymbol{r}}_i = \dfrac{p_i}{m_i} \\[2mm] \dot{\boldsymbol{p}}_i = \boldsymbol{f}_i - \boldsymbol{p}_i \dfrac{p_\eta}{Q} \\[2mm] \dot{\eta} = \dfrac{p_\eta}{Q} \\[2mm] \dot{p}_\eta = \sum\limits_{i=1}^{N} \dfrac{p_i^2}{m_i} - 3N k_{\mathrm{B}} T \end{cases} \tag{1-29}$$

可以证明，Nosé-Hoover 扩展体系中下列函数守恒：

$$H'(\boldsymbol{r},\boldsymbol{p},\eta,p_\eta) \equiv \sum_{i=1}^{N} \frac{p_i^2}{2 m_i} + u(\boldsymbol{r}_1,\cdots,\boldsymbol{r}_N) + \frac{p_\pi^2}{2Q} + 3Nk_{\mathrm{B}}T_\eta$$

$$= H(\boldsymbol{r},\boldsymbol{p}) + \frac{p_\eta^2}{2Q} + 3Nk_{\mathrm{B}}T_\eta = C \tag{1-30}$$

相空间压缩率的定义式如下：

$$\kappa(\boldsymbol{x},t) = \nabla_x \cdot \dot{\boldsymbol{x}} = \sum_{i=1}^{N} \left(\frac{\partial}{\partial \boldsymbol{r}_i} \cdot \dot{\boldsymbol{r}}_i + \frac{\partial}{\partial \boldsymbol{p}_i} \cdot \dot{\boldsymbol{p}}_i \right) + \frac{\partial}{\partial \eta}\dot{\eta} + \frac{\partial}{\partial p_\eta}\dot{p}_\eta \tag{1-31}$$

代入 Nosé-Hoover 运动方程，得到

$$\kappa(\boldsymbol{x},t) = -3N\dot{\eta} \tag{1-32}$$

Jacobi 矩阵如下：

$$J(\boldsymbol{x},t) = \exp(-3N_\eta) \tag{1-33}$$

相空间度量如下：

$$\sqrt{g} = \exp(3N_\eta) \tag{1-34}$$

体系的配分函数如下：

$$\Omega(N,V,E) = \int\mathrm{d}p\int\!\!\int\mathrm{d}p_\eta\mathrm{d}\eta\exp(3N_\eta)\delta\left(H(\boldsymbol{r},\boldsymbol{p}) + \frac{p_\eta^2}{2Q} + 3N k_{\mathrm{B}} T_\eta - C\right) \tag{1-35}$$

利用 δ 函数的性质，对广义坐标 η 积分时，仅当

$$\eta = \frac{1}{3N k_{\mathrm{B}}T}\left(H(\boldsymbol{r},\boldsymbol{p}) + \frac{p_\eta^2}{2Q} - C\right) \tag{1-36}$$

积分才不为零，得到

$$Q(N,V,E) = \frac{1}{3N k_{\mathrm{B}}T}\int\!\!\int p\mathrm{d}\int\mathrm{d}p_\eta\exp\left[\frac{1}{k_{\mathrm{B}}T}\left(C - H(\boldsymbol{r},\boldsymbol{p}) - \frac{p_\eta^2}{2Q}\right)\right] \propto Q(N,V,T) \tag{1-37}$$

与正则分布一致。

③Nosé-Hoover 链算法

Nosé-Hoover 链算法是对正则系综 MD 模拟 Nosé-Hoover 算法的发展，通过使体系与 M 个广义坐标η_j，广义动量为p_{η_j}，广义质量为Q_j的热浴耦合的方法调控温度，实现正则系综 MD 模拟。相应地，扩展体系运动方程具有如下形式：

$$\begin{cases} \dot{\boldsymbol{r}}_i = \dfrac{p_i}{m_i} \\[2mm] \dot{\boldsymbol{p}}_i = \boldsymbol{f}_i - \dfrac{p_{\eta_\eta}}{Q_1}\boldsymbol{p}_i \\[2mm] \dot{\eta}_j = \dfrac{p_{\eta_j}}{Q_j} \quad (j = 1, \cdots, M) \\[2mm] \dot{p}_{\eta_1} = \left(\sum\limits_{i=1}^{N}\dfrac{p_i^2}{m_i} - 3Nk_BT \right) - \dfrac{p_{\eta_2}}{Q_2}p_{\eta_1} \\[2mm] \dot{p}_{\eta_j} = \left(\dfrac{p_{\eta_{j-1}}^2}{Q_{j-1}} - k_BT \right) - \dfrac{p_{\eta_{j+1}}}{Q_{j+1}}p_{\eta_j} \quad (j = 2, \cdots, M-1) \\[2mm] \dot{p}_{\eta_M} = \dfrac{p_{\eta_{j-1}}^2}{Q_{M-1}} - k_BT \end{cases} \tag{1-38}$$

可以证明，下列量守恒：

$$H'(\boldsymbol{r}, \boldsymbol{p}, \eta, p_\eta) \equiv \sum_{i=1}^{N}\frac{p_i^2}{2m_i} + \sum_{j=1}^{M}\frac{p_{\eta_j}^2}{2Q_j} + u(\boldsymbol{r}_1, \cdots, \boldsymbol{r}_N) + 3Nk_BT\eta_1 + k_BT\sum_{j=2}^{M}\eta_j \tag{1-39}$$

可以得到相空间的压缩率：

$$\kappa(\boldsymbol{x}, t) = -3N_{\dot{\eta}1} - \sum_{j=2}^{M}\dot{\eta}_j \tag{1-40}$$

对应的相空间度量为

$$\sqrt{g} = \exp\left(3N\eta_1 + \sum_{j=2}^{M}\eta_j\right) \tag{1-41}$$

④对元胞体积的各向同性调整实现 NPT 系综

NPT 系综是比正则系综更难实现的系综，在模拟过程中不仅要调控温度，还必须通过调整体系的体积实现对压力的调控。因此，实现 NPT 系综 MD 模拟的关键是把元胞体积作为动力学变量，实现对压力的调控，在下列运动方程中通过对元胞体积作各向同性调整实现 NPT 系综：

$$\begin{cases} \dot{\boldsymbol{r}}_i = \dfrac{p_i}{m_i} + \dfrac{p_\varepsilon}{W}\boldsymbol{r}_i \\[2mm] \dot{\boldsymbol{p}}_i = \boldsymbol{f}_i - \left(1 + \dfrac{1}{N}\right)\dfrac{p_\varepsilon}{W}\boldsymbol{p}_i - \dfrac{p_\eta}{Q}\boldsymbol{p}_i \\[2mm] \dot{V} = \dfrac{3Vp_\varepsilon}{W} \\[2mm] \dot{p}_\varepsilon = 3V(P_{\text{int}} - P_{\text{ext}}) + \dfrac{1}{N}\sum\limits_{i=1}^{N}\dfrac{p_i^2}{m_i} - \dfrac{p_\eta}{Q}p_\varepsilon \\[2mm] \dot{\eta} = \dfrac{p_\eta}{Q} \\[2mm] \dot{p}_\eta = \sum\limits_{i=1}^{N}\dfrac{p_i^2}{m_i} + \dfrac{p_\varepsilon^2}{W} - (3N+1)k_BT \end{cases} \tag{1-42}$$

式中：p_ε——与元胞体积的对数 $\varepsilon=\dfrac{1}{3}\ln(V/V_0)$ 关联的广义动量；

$\quad W$——恒压器的广义质量；

$\eta、p_\eta、Q$——与热浴对应的广义坐标、广义动量和广义质量；

$\quad P_{ext}$——施加的外压；

$\quad P_{int}$——体系的内压，按照式(1-43)计算。

$$P_{int}\equiv\frac{1}{3V}\left[\sum_{i=1}^{N}\frac{p_i^2}{2m_i}+\sum_{i=1}^{N}\boldsymbol{r}_i\cdot\boldsymbol{f}_i-(3V)\frac{\partial_u(\boldsymbol{r},V)}{\partial V}\right] \tag{1-43}$$

可以证明，下列量守恒：

$$H'(\boldsymbol{r},\boldsymbol{p},V,p_e,\eta,p_\eta)=\sum_{i=1}^{N}\frac{p_i^2}{2m_i}+\frac{p_e^2}{2W}+\frac{p_\eta^2}{2Q}+u(\boldsymbol{r},V)+(3N+1)k_BT\eta+P_{ex}V$$

可以得到相空间的压缩率：

$$\kappa(\boldsymbol{x},t)=\nabla\cdot\dot{\boldsymbol{x}}=-(3N+1)\dot{\eta} \tag{1-44}$$

对应的 Jacob 矩阵为

$$J(\boldsymbol{x},t)=\exp[-(3N+1)\eta] \tag{1-45}$$

相空间度量为

$$\sqrt{g}=\exp[(3N+1)\eta] \tag{1-46}$$

第2章

力场

2.1　力场定义

分子力场,也称力场,是用于描述原子之间的相互作用的经验函数,可以反映分子体系中原子的运动规律。力场是根据量子力学中的玻恩-奥本海默近似原理(Born-Oppenheimer Approximation),将一个分子的能量看作构成分子中各个原子空间位置的函数,分子的能量会随着分子构象的变化而变化。这种描述分子能量与分子结构之间关系的经验函数就是分子力场。

2.1.1　力场概念

我们知道,量子化学计算分子结构和原子、分子间的相互作用比较准确,但是这种方法很慢;而采用分子力场计算就会很快,因为分子力场并不计算电子的相互作用,它是对分子结构的一种简化模型。在这个模型中,它把组成分子的原子看成由弹簧连接起来的球,然后用简单的数学函数来描述球与球之间的相互作用。比如,将氢分子看作由弹簧连接的两个球,可以用胡克定律描述两个氢原子间的能量 E,即

$$E = k\,(b - b_0)^2 \tag{2-1}$$

式中:b——两氢原子间距离;

　　　b_0——平衡时原子间距;

　　　k——键能系数。

更复杂一点可以用四次方表达,即

$$E = K_1\,(b - b_0)^2 + K_2\,(b - b_0)^3 + K_3\,(b - b_0)^4 \tag{2-2}$$

式中:b_0、K——力场参数。更多的参数可以获得对成键分子更精确的描述。这是描述成键作用,不成键的原子间的相互作用则采用 Legendre-Jones 函数或者 Bukingham 函数描述。

力场参数可以来自实验结果,也可以来自量子化学计算。相较于精确的从头计算量子力学,采用力场的方法描述分子的能量,计算量要小 $1\sim2$ 个数量级,而在应用领域其计算精度与量子化学方法相差很小,因此对于模拟大分子或者复杂体系而言,采用力场描述分子的能量是一种很有效的方法。力场的方法不仅应用在分子动力学领域,还广泛应用于蒙特卡罗方法、分子对接等领域。

一般来说,体系的总能量可描述为成键相互作用(Valance Interaction)与非键相互作用(Non-bonded Interaction)之和,即

$$E_{\text{total}} = E_{\text{valence}} + E_{\text{non-bonded}} \tag{2-3}$$

成键相互作用包括键长伸缩项(Bond Stretching)、键角弯曲项(Angle Bending)、二面角扭转项(Dihedral Torsion)、离平面弯曲项(Out-of-plane bending)以及交叉项(Crossing Term),非键相互作用包括库仑静电作用项(Coulomb)和范德华作用项(van der Waals)。

$$E_{\text{valence}} = \sum E_{\text{bond}} + \sum E_{\text{angle}} + \sum E_{\text{dihedral}} + \sum E_{\text{oopa}} + \sum E_{\text{cross}} \tag{2-4}$$

$$E_{\text{non-bonded}} = \sum E_{\text{coul}} + \sum E_{\text{vdW}} \tag{2-5}$$

下面对这些能量项分别进行描述。

(1)键长伸缩项

键长伸缩项描述了成键的两个原子之间在平衡键长附近的振动,如图 2-1 所示。

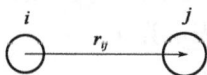

图 2-1 键长伸缩示意图

用于描述键长伸缩项的函数形式有很多,如谐振函数、四次函数、Morse 函数等,表示为

$$\begin{cases} E_{\text{bond}} = k_{\text{b}} (b - b_0)^2 \\ E_{\text{bond}} = k_{\text{b},2}(b-b_0)^2 + k_{\text{b},3}(b-b_0)^3 + k_{\text{b},4}(b-b_0)^4 \\ E_{\text{bond}} = k_{\text{b}} \{1 - \exp[-c(b-b_0)]\}^2 \end{cases} \tag{2-6}$$

在这些函数中,Morse 函数能够最为准确地描述出键长伸缩势能面,如图 2-2 所示,其纵坐标表示随 C—H 键长的变化,系统能量的变化,Exact 表示精确的量子化学计算结果,P2 表示二次多项式拟合,P4 表示四次多项式拟合,Morse 表示 Morse 势能函数,但是由于二次函数形式最为简单,只有两个参数,使用最为广泛。同时,在常压下,键长在平衡位置附近振动,二次函数的准确度在很多情况下已足以满足分子模拟的要求。四次项常被用在固体材料的模拟中。

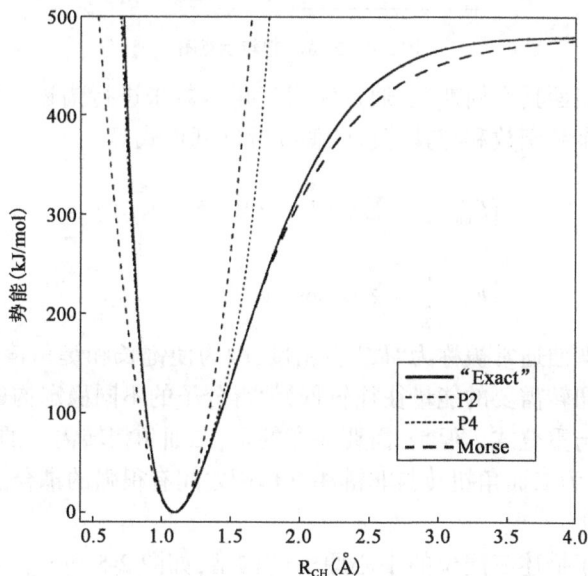

图 2-2 三种不同的函数形式描述甲烷分子中 C—H 键长伸缩势能面

（2）键角弯曲项

键角弯曲项描述了依次成键的三个原子之间在平衡键角附近的振动，如图 2-3 所示。

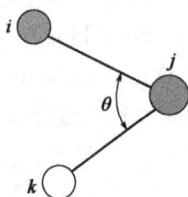

图 2-3　键角弯曲示意图

用于描述键角弯曲项的函数形式有谐振函数、谐振余弦函数、四次函数等。其中，谐振函数最为常用，谐振余弦函数适用于描述在平衡位置附近弯曲作用很弱的体系，四次函数能够更精确地描述键角弯曲势能面。它们可表示为

$$\begin{cases} E_{angle} = k_a \left(\theta - \theta_0 \right)^2 \\ E_{angle} = k_a \left(\cos\theta - \cos\theta_0 \right)^2 \\ E_{angle} = k_{a,2} \left(\theta - \theta_0 \right)^2 + k_{a,3} \left(\theta - \theta_0 \right)^3 + k \end{cases} \tag{2-7}$$

（3）二面角扭转项

二面角扭转项描述了依次成键的四个原子之间绕中心键的转动，如图 2-4 所示。

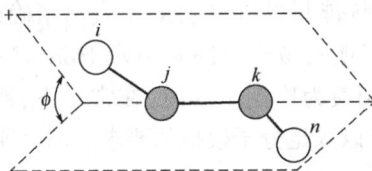

图 2-4　二面角扭转示意图

二面角扭转的势能面具有周期性，通常使用三角函数来进行描述。用于描述二面角扭转项的函数形式有多次余弦函数和与其等价的傅立叶展开形式等。

$$\begin{cases} E_{dihedral} = \sum_{n=0}^{N} k_n \left[1 + \cos\left(n\phi - \phi_{0,n} \right) \right] \\ E_{dihedral} = \sum_{n=0}^{N} C_n \cos\left(\phi \right)^n \end{cases} \tag{2-8}$$

键长伸缩和键角弯曲通常被称为"硬"自由度，因为使键长和键角偏离平衡位置往往需要很大的能量。二面角扭转需要的能量往往较低，使得分子的不同稳定构象之间可以发生转变，如乙烷分子的交叉式与重叠式。但是，需要注意的是，二面角扭转需要的能量不完全由二面角扭转函数形式决定，因为二面角扭转与非键相互作用之间有很强的耦合。

（4）离平面弯曲项

离平面弯曲项用于描述三配位的中心原子的构型，如图 2-5 所示。离平面弯曲项常用于维持平面结构，如苯环、酰胺等。

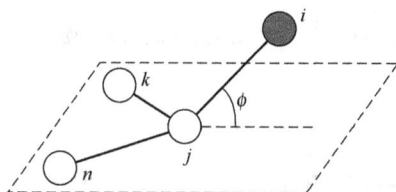

图 2-5　离平面弯曲示意图

离平面弯曲项一般使用谐振函数、谐振余弦函数等来描述。离平面弯曲项与二面角扭转项本质上是一样的,都是描述四个原子之间的势能面,但是由于力场定义时的目的不同,使用了不同的函数形式。

$$\begin{cases} E_{\text{oopa}} = k_\xi \left(\xi - \xi_0 \right)^2 \\ E_{\text{oopa}} = k_\xi \left(\cos\xi - \cos\xi_0 \right)^2 \end{cases} \tag{2-9}$$

（5）交叉项

交叉项用于描述不同分子内自由度之间的耦合,如键长-键长交叉项、键长-键角交叉项、Urey-Bradley 项等。除了这三种典型的交叉项,还有键长-键角-二面角之间的交叉相。交叉项将几种自由度的耦合作用分离出来单独描述,提高了力场的精确性,但也增加了力场参数的数量和参数化的难度。

$$\begin{cases} E_{\text{bond}-\text{bond}} = k_{\text{bb}} \left(b - b_0 \right) \left(b' - b'_0 \right) \\ E_{\text{bond}-\text{angle}} = k_{\text{ba}} \left(b - b_0 \right) \left(\theta - \theta_0 \right) \\ E_{\text{Urey}-\text{Bradley}} = k_{ik} \left(r_{ik} - r_{ik,0} \right)^2 \end{cases} \tag{2-10}$$

（6）库仑静电作用项

库仑静电作用项描述了分子或离子中带电原子之间的静电相互作用。对于采用点电荷模型的力场,库仑项由原子所带的点电荷和库仑定律得到。

$$E_{\text{coul}} = \frac{q_i q_j}{4\pi\varepsilon_0 r_{ij}} \tag{2-11}$$

（7）范德华作用项

范德华作用项描述了所有原子或分子间的(除上面提到的)库仑静电作用以外的其他非键相互作用,主要是色散吸引作用与短程 Pauli 排斥作用。对于这一相互作用,函数形式选择比较多样,其中最常用的是 Lennard-Jones-12-6 势函数。

$$E_{\text{LJ}-12-6} = 4\varepsilon_{ij} \left[\left(\frac{\sigma_{ij}}{r_{ij}} \right)^{12} - \left(\frac{\sigma_{ij}}{r_{ij}} \right)^6 \right] \tag{2-12}$$

其中,6 次项描述了色散吸引作用,12 次项描述了 Pauli 排斥作用。该函数的优点是参数数量少,只使用两个参数就确定了势函数的平衡位置和势阱深度。Lennard-Jones 势函数示意图如图 2-6 所示。同时,该函数计算效率高,这一点对于计算量密集的分子模拟非常重要。

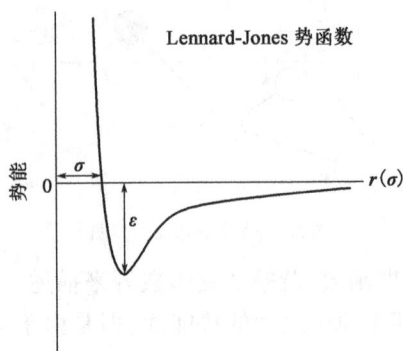

图 2-6　Lennard-Jones 势函数示意图

2.1.2　力场种类

一个力场通常包括原子类型、势函数和力场参数三个部分。不同的力场,它们的函数形式可能不一样,或者函数形式一样而力场参数不一样。其中,最关键的差别在于分子力学模型。比如,有的力场考虑氢键,有氢键函数;有的考虑极化,有极化函数。另外,分子力场参数都是拟合特定分子的数据生成的。比如,面向生物模拟的力场选择生物领域的分子模拟得到参数,而材料的则侧重选择材料方面的分子。

力场的发展经历了几个阶段,从第一代力场(又称为传统力场)到更为复杂的第二代力场,再到能够满足不同需求的通用力场和特殊力场。第一代力场一般以常见的分子动力学软件的名字命名,如 AMBER 力场、CHARMM 力场、GROMOS 力场等。这种力场出现较早,通常具有势能表达式较为简单、计算速度快等优点,并且相关的模拟软件有很完善的支持,因使用时间长而应用广泛。第二代力场在第一代力场的基础上增加了势能项之间的相关性,提高了描述的精确度,尽管这以增加参数和牺牲计算速度为代价。通用力场则基于原子性质,允许用户自定义参数,适用于更广泛的原子类型。特殊力场则是为解决特定问题而开发的,如氧化物材料的 Catlow/Faux 力场或针对水的力场。

(1)第一代力场

①AMBER 力场:由 Kollman 课题组开发,是使用比较广泛的一种力场,适合处理生物大分子。

②CHARMM 力场:由 Karplus 课题组开发,对小分子体系到溶剂化的大分子体系都有很好的拟合。

③CVFF 力场:一个可以用于无机体系计算的力场。

④MMX 力场:包括 MM2 和 MM3,是应用最为广泛的一种力场,主要针对有机小分子。

(2)第二代力场

第一代力场的表达式通常会导致描述精确度的降低。由于早期分子动力学主要应用于生物分子的模拟,多数力场是对实验平衡态的分子结构的拟合,对于小分子构象描述则比较粗略,于是产生了第二代力场。

第二代力场是在第一代力场的基础上对相互作用函数进一步复杂化,不仅定义了势能项,还增加了各个势能项之间的相关项,势能表达式也比第一代力场更为复杂。修正的结果使得对分子势能面的描述更为精确,但这是以增加参数和牺牲计算速度为代价的。第二代力场发展很快,常见的有 CFF 力场、COMPASS 力场、MMF94 力场等。

①CFF 力场:一个力场家族,包括 CFF91、PCFF、CFF95 等力场,可以进行从有机小分子、生物大分子到分子筛等诸多体系的计算。

②COMPASS 力场:由 MSI 公司开发,擅长进行高分子体系的计算。

③MMFF94 力场:由 Hagler 开发,是最准确的力场。

(3)通用力场

通用力场是基于原子性质计算所得的力场。用户可以通过自主设定一系列分子作为训练集来生成通用的力场参数。这种力场通常要比前两种力场能够描述的原子类型更多,对于元素周期表中的大部分原子均可以描述,一般适合有机小分子和无机分子的模拟,常见的有 ESFF 力场、UFF 力场、Dreiding 力场等。

①ESFF 力场:由 MSI 公司开发,可以进行有机、无机分子的计算。

②UFF 力场:可以计算周期表上所有元素的参数。

③Dreiding 力场:适用于有机小分子、大分子、主族元素的计算。

以上叙述的是分子模拟中常见的力场,这些力场都至少适用于某一大类体系上都可称为通用力场。

(4)特殊力场

在特殊力场中,有一类力场是基于简化的分子模型——联合原子(United Atom)模型。联合原子模型的一般做法是将氢原子集成到相连的碳原子上组成联合原子。显然,联合原子模型的突出优势就是能够大大降低计算量,降低计算耗费。同时,由于联合原子模型不对应真实的分子结构,联合原子力场的分子内相互作用函数一般较全原子力场简单。现今常用的联合原子力场主要有 TraPPE、NERD、AUA4 三种。这三种力场的共同特点是采用了分子的气液相平衡数据对力场参数进行优化,因此在计算气-液、液-液相平衡等热力学性质方面比较准确。此外,还有一种特殊力场——反应性分子力场,它不需要固定分子内各原子间连接性,模拟中各原子间的化学键可以自由断裂和生成,因而能够处理过程中的化学反应过程;相对量子化学手段,反应性分子力场具有模拟速度快的优点,并且能够处理较大体系及凝聚相中的化学反应过程。目前的反应性分子力场方法可处理百万原子级的体系,时间尺度可达纳秒级。

根据是否精确定义体系中每一个原子的参数,又可将分子力场分为全原子分子力场、联合原子分子力场和粗粒度三类。

全原子分子力场(All Atom force field,AA):将体系中的每个原子的参数都定义出来并一一展现。以图 2-7a)中的咪唑阳离子为例,精确定义咪唑阳离子中每一个原子的参数包括侧链烷基上的 H 和环上的 H 原子。全原子力场的优点在于计算精确,但计算时间相对更长。

联合原子分子力场(United Atom force field,UA):对一些小基团进行处理,省略掉基团中的某个或某些原子,可大大节省计算时间,大约是全原子力场计算时间的 1/4。以图 2-7b)中咪唑阳离子为例,将侧链烷基的甲基和亚甲基分别当作一个原子量为 15 和 14 的原子团,称为联合原子,这样简化处理后的力场称为联合原子力场。

粗粒度分子力场(Coarse Grain force field,CG):将更大的基团当作一个原子对待,用于简化较长的支链来简化计算,可以更进一步节省计算时间,在计算蛋白质等有机大分子时十分有效。以图 2-7c)中咪唑阳离子为例,进一步精简全原子咪唑阳离子的力场参数,将咪唑侧链中的乙基或丙基或更大的基团看作一个原子。

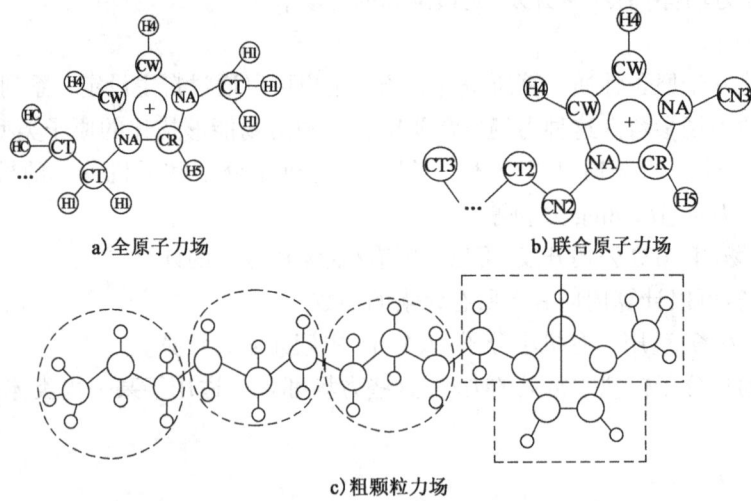

a)全原子力场　　　　　　　　　　　　b)联合原子力场

c)粗颗粒力场

图 2-7　咪唑阳离子结构示意图

总的来说,无论是按照代际发展分类,还是按照定义的精确程度来分类,各类分子力场在不同的学科、硬件条件和时代背景下都有其应用价值,使用者需要综合考量计算效率、精度和研究对象的性质,以选择最适合的力场。

2.2　全原子分子力场

在全原子力场中,体系的力点与分子中的全部原子一一对应,质量集中在原子核上。也就是说,力点与原子核的位置或原子的质心位置重合。简单地说,全原子分子力场中,分子由其组成原子为质点的集合构成。在更精确的模型中,常在原子之外加入更多的力点,以描述电荷点偏离质点的情况。例如,TIP3P 是全原子分子力场,质点、力点、电荷点重合;相反,TIP4P、TIP5P 等,其力点的数目超过质点的数目或原子数。选择力点与分子中各个原子核的位置重叠,可以在模拟中省去重新分布受力和力矩的计算。

2.2.1　全原子分子动力学模拟的基本原理

全原子分子动力学的基本原理就是把体系的每个原子当作一个小球,然后求解体系的牛顿运动方程,如对于含有 N 个原子的多体系统,我们需要求解每个原子的牛顿运动方程来得

到的体系演化轨迹:

$$\begin{cases} m_i\, \boldsymbol{a}_i = \boldsymbol{F}_i \\ \overrightarrow{a_i} = \dfrac{\mathrm{d}^2\, \boldsymbol{r}_i}{\mathrm{d}t^2} \end{cases} \quad (i = 1,2,3,\cdots,N) \tag{2-13}$$

式中: m、r_i——对应原子的质量和位置坐标;

$\boldsymbol{F}_i$——原子受到的力,由体系总的势能函数对这个原子坐标的负偏导数给出,即 $\boldsymbol{F}_i = -\partial U/\partial \boldsymbol{r}_i$。

体系的总势能函数包括原子或分子之间的成键相互作用和非成键相互作用。在模拟过程中,使压强和温度都维持在需要的值附近,并以很短的时间步长,如通常设置步长为1fs或2fs来求解方程,并且设置一定的时间间隔将原子的坐标、速度、受到的力及体系的能量写入相应的文件,这样方便分析时使用。一般将分子位置随时间的变化称为运动轨迹(Trajectory)。从上述描述可知,计算体系的总势能是至关重要的一步,在分子动力学模拟中对应模拟力场,即需要选择合适可靠的模拟力场。

如前所述,全原子分子动力学模拟力场就是体系原子之间相互作用势能函数的综合表达式,其包括原子或分子间的键相互作用和非键相互作用以及约束项。键相互作用包括键与键之间的伸缩势能、键角的弯曲势能以及二面角的势能等,而非成键相互作用能主要是指范德瓦尔斯相互作用能和库仑静电相互作用势能,下文将具体介绍。

2.2.2 全原子分子动力学模拟的力场

(1)力场一般形式

分子的总能量为动能与势能之和,正如前文所提到的,分子动力学的主要环节就是力场的计算,整个模拟过程的计算精确程度取决于力场的完备性。对于一般的复杂系统而言,其总势能一般由键伸缩势能 U_b、键角弯曲势能 U_θ、二面角势能 U_ϕ、离平面振动势能 U_χ、范德瓦尔斯非键相互作用势能 U_{nb} 和库仑静电相互作用势能 U_{el} 组成。其数学式表达为

$$U = U_b + U_\theta + U_\phi + U_\chi + U_{nb} + U_{el} \tag{2-14}$$

①伸缩势能 U_b:分子中原子间化学键的键长总是在某个值附近有轻微振动,而不是保持不变的。像这种作用的势能,我们称为伸缩势能。其数学表示形式为

$$U_b = \frac{1}{2}\sum_i k_b (r_i - r_i^0)^2 \tag{2-15}$$

式中: k_b——键伸缩的弹性常数;

r_i——第 i 个键的键长;

r_i^0——第 i 个键的平均键长。

②键角弯曲势能 U_θ:分子中通过化学键相连的连续3个原子形成键角,这些键角在其平衡值附近有小幅度振荡。对于这种作用的势能,我们称为键角弯曲势能。其数学表示形式为

$$U_\theta = \frac{1}{2} \sum_i k_\theta (\theta_i - \theta_i^0)^2 \tag{2-16}$$

式中：k_θ——键弯曲的弹性常数；

$\quad \theta_i$——第 i 个键的键角；

$\quad \theta_i^0$——第 i 个键角的平均键角。

③二面角势能 U_ϕ：分子中通过化学键相连的连续 4 个原子形成二面角，其一般比较灵活，容易扭动。此类二面角扭转的势能，我们称为二面角势能。其数学表示形式为

$$U_\phi = \frac{1}{2} \sum_i \left[\nu_1(1 + \cos\phi) + \nu_2(1 - \cos2\phi) + \nu_3(1 + \cos3\phi) \right] \tag{2-17}$$

式中：ν_1、ν_2、ν_3——二面角势能弹性常数；

$\quad \phi$——二面角夹角。

④离平面振动势能 U_χ：通常，分子中具有共平面倾向的中心原子离平面可能有小幅振动，此种振动的势能，我们称为平面振动势能。其数学表示形式为

$$U_\chi = \frac{1}{2} \sum_i k_\chi \chi^2 \tag{2-18}$$

式中：k_χ——离平面振动的弹性常数；

$\quad \chi$——离平面振动的角度。

⑤范德瓦尔斯势能 U_{nb}：对于同一分子中不是由化学键直相连（间隔大于两个连接化学键）的原子或者不同分子间的两个原子之间有非成键范德瓦尔斯作用。其数学表示形式为

$$U_{nb} = 4\varepsilon \left[\left(\frac{\sigma}{r}\right)^{12} - \left(\frac{\sigma}{r}\right)^6 \right] \tag{2-19}$$

式中：r——原子对之间的距离；

$\quad \varepsilon$、σ——势能参数，根据不同原子种类而定。

⑥库仑静电势能 U_{el}：两个带电的离子之间存在静电相互作用势能，我们称此种势能为库仑静电作用势能。其数学表示形式为

$$U_{el} = \sum_{i,j} \frac{q_i q_j}{4\pi\varepsilon r_{ij}} \tag{2-20}$$

式中：r_{ij}——i 和 j 这两个离子之间的距离；

$\quad q_i$——第 i 个离子所带电量；

$\quad q_j$——第 j 个离子所带电量；

$\quad \varepsilon$——介电常数。

(2) 常见的全原子分子力场

从原来只可以模拟单原子分子系统到现在可以模拟复杂分子系统，分子动力学逐步得到了发展。而适用于不同系统的力场也随之发展起来，并且力场的精确度也在慢慢提升。对于生物分子体系的模拟，比较普遍用到的力场有以下几种。

①ABEEM/MM 力场

ABEEM/MM 力场在有机分子的研究中应用很广泛，道路工作者也经常使用这种力场来研究如烷烃的基础特性。ABEEM/MM 力场的势能形式为

$$E_{\mathrm{ABEEM/MM}} = \sum_{\mathrm{bonds}} E_{\mathrm{b}} + \sum_{\mathrm{angles}} E_{\theta} + \sum_{\mathrm{torsion}} E_{\phi} + \sum_{\mathrm{non-bonded}} (E_{\mathrm{vdw}} + E_{\mathrm{elec}}) \qquad (2\text{-}21)$$

$$E_{\mathrm{bond}} = \sum_{\mathrm{bonds}} k_{\mathrm{r}} (r - r_{\mathrm{eq}})^2 \qquad (2\text{-}22)$$

$$E_{\mathrm{angle}} = \sum_{\mathrm{angles}} k_{\theta} (\theta - \theta_{\mathrm{eq}})^2 \qquad (2\text{-}23)$$

$$E_{\mathrm{torsion}} = \frac{1}{2} \sum_i [V_1(1 + \cos\phi_i) + V_2(1 - \cos2\phi_i) + V_3(1 + \cos3\phi_i)] \qquad (2\text{-}24)$$

$$E_{\mathrm{nb}} = \sum_{i,j} \left[\frac{kq_i q_j e^2}{r_{ij}} + 4f_{ij}\varepsilon_{ij} \left(\frac{\sigma_{ij}^{12}}{r_{ij}^{12}} - \frac{\sigma_{ij}^6}{r_{ij}^6} \right) \right] \qquad (2\text{-}25)$$

式中：E_{nb}——非键接势能,包含库仑静电势能的计算；

$\quad$ E_{bond}——键伸缩势能；

$\quad$ E_{angle}——键角弯曲势能；

$\quad$ E_{torsion}——二面角扭曲势能；

$\quad$ k_{r}——伸缩势能的弹性刚度；

$\quad$ k_{θ}——键角计算的弹性刚度；

V_1、V_2、V_3——常数；

$\quad$ r——原子之间的距离；

$\quad$ σ——零势能距离；

$\quad$ ε——在 $r = 2^{1/6} \times \sigma$ 的平衡位置时的能量最小值。

②OPLS/AA 力场

OPLS(Optimized Potentials for Liquid Simulations) 力场是 Jorgensen 等开发的一个常用力场,被广泛用于许多分子动力学模拟程序的模拟计算。OPLS 力场的参数化过程不是一次完成的,而是一类化合物、一类化合物地逐步进行。

为了便于使用和移植,OPLS 力场的势函数被严格限制。OPLS 力场最常见的势函数形式:共价键伸缩势和键角弯曲势采用谐振子势函数,二面角扭曲势只包括 Fourier 展开式的前三项,van der Waals 相互作用采用 Lennard-Jones 12-6 势函数,静电相互作用采用库仑势函数。同时,所有力点位于原子核上,不考虑力点偏离原子中心。在计算分子内非键相互作用时,完全排除 1-2 和 1-3 相互作用,但只排除 50% 的 1-4 相互作用。计算交叉项的 van der Waals 相互作用时,采用 Lorentz-Berthelot 混合规则计算 Lennard-Jones 势函数,即

$$\varepsilon_{ij} = \sqrt{\varepsilon_{ii}\varepsilon_{jj}}$$

$$\sigma_{ij} = \frac{\sigma_{ii} + \sigma_{jj}}{2}$$

OPLS 力场各种相互作用的势函数形式为

$$u_{\mathrm{s}} = \sum_{\mathrm{bonds}} k_{\mathrm{s}} (l - l_0)^2 \qquad (2\text{-}26)$$

$$u_{\mathrm{b}} = \sum_{\mathrm{angles}} k_{\mathrm{b}} (\theta - \theta_0)^2 \qquad (2\text{-}27)$$

$$u_t = \frac{1}{2}\sum_{torsions}\left\{V_{t,1}\left[1+\cos(\omega+\delta_1)\right]+V_{t,2}\left[1-\cos(2\omega+\delta_2)\right]+V_{t,3}\left[1+\cos(3\omega+\delta_3)\right]\right\}$$

$$u_{nb} = \sum_{r<j}\left[\frac{q_i q_j}{4\pi\varepsilon_0 r_{ij}}+4\varepsilon_{ij}\left(\frac{\sigma_{ij}^{12}}{r_{ij}^{12}}-\frac{\sigma_{ij}^6}{r_{ij}^6}\right)\right]f_{ij} \tag{2-28}$$

OPLS 力场有两套参数,分别对应联合原子力场 OPLS-UA 和全原子力场 OPLS-AA。在联合原子力场 OPLS-UA 中,所有与碳原子成键的复原子不直接出现在力场中,而是隐含在碳原子的力场参数中;在全原子力场 OPLS-AA 中,包括与碳原子成键的氢原子在内的所有原子均直接出现在力场中,没有隐含原子。在模拟生物分子的水溶液时,OPLS 力场应与 TIP4P 或 TIP3P 水分子模型搭配,以取得更好的效果。

③AMBER 力场

AMBER(Assisted Model Building With Energy Refinement)既是一个 MD 模拟程序的名称,也是一个分子力场的名称。其中,AMBER 分子力场是 Kollman 教授研究小组开发的一整套广泛用于生物分子的 MD 模拟分子力场。AMBER 力场的函数形式与 OPLS 力场类似,它们的键伸缩势、键角弯曲势和静电相互作用势的函数完全相同,但二面角扭曲势函数与 van der Waals 势函数形式略有不同。

$$u_t = \sum_{torsions}\frac{1}{2}V_{t,n}\left[1+\cos(n\omega-\delta)\right] \tag{2-29}$$

$$u_{nb} = \sum_{r<j}\left(\frac{q_i q_j}{4\pi\varepsilon_0 r_{ij}}+\frac{A_{ij}}{r_{ij}^{12}}-\frac{B_{ij}}{r_{ij}^6}\right) \tag{2-30}$$

利用上述势函数计算二面角扭曲势时,通常只根据中间两个原子的类型确定势参数,与两头的原子类型无关。在计算分子内非键相互作用时,全部排除 1-2 和 1-3 相互作用,部分排除 1-4 相互作用。

④CHARMM 力场

与 AMBER 相同,CHARMM 既是 MD 模拟程序的名称,也是分子力场的名称。CHARMM 力场与 OPLS 力场和 AMBER 力场之间具有非常深的渊源。首先,这三套分子力场的应用领域均为蛋白质和核酸等生物分子体系;其次,这些力场具有几乎相同的势函数形式和原子类型;再次,它们的成键相互作用势参数相互借鉴,甚至直接移植;最后,AMBER 和 CHARMM 这两个 MD 模拟程序都可以直接利用三种力场,为比较不同力场的异同或评价力场的优劣提供了巨大的便利。

与 OPLS-AA 力场相比,CHARMM 力场外加了一种 Urey-Bradley 相互作用势,以弥补键角弯曲势的不足。

$$u_{UB} = \sum_{UB}k_{UB}(s-s_0)^2 \tag{2-31}$$

式中:s、s_0——1-3 原子间的实际距离和参考距离;

  k_{UB}——Urey-Bradley 力场常数。

此外,CHARMM 力场中还包括一项赝扭曲势:

$$u_i = \sum_{impropers}k_i(\xi-\xi_0)^2 \tag{2-32}$$

在 CHARMM 力场的非键相互作用部分,势函数形式也与 OPLS-AA 完全一致,但分子内的 1-4 静电相互作用和 van der Waals 相互作用全部计算,排除规则不适用;氢键相互作用也被隐含在静电相互作用和 van der Waals 相互作用之中,不采用显式氢键势函数项。

⑤COMPASS 力场

COMPASS 力场属于第二代力场,势能的表达形式相对复杂,模拟的结果比较准确,这一力场也成功模拟了一些烷烃分子固化过程。COMPASS 力场的能量形式可以表示为

$$E_{\text{total}} = E_{\text{bond}} + E_{\text{angle}} + E_{\text{torsion}} + E_{\text{oop}} + E_{\text{cross}} + E_{\text{elec}} + E_{ij} \tag{2-33}$$

$$E_{\text{bond}} = \sum_b \left[k_2 \left(b - b_0 \right)^2 + k_3 \left(b - b_0 \right)^3 + k_4 \left(b - b_0 \right)^4 \right] \tag{2-34}$$

$$E_{\text{angle}} = \sum_\theta \left[H_2 \left(\theta - \theta_0 \right)^2 + H_3 \left(\theta - \theta_0 \right)^3 + H_4 \left(\theta - \theta_0 \right)^4 \right] \tag{2-35}$$

$$E_{\text{torsion}} = \sum_\phi \left\{ V_1 \left[1 - \cos(\phi - \phi_0) \right] + V_2 \left[1 - \cos(2\phi - \phi_0) \right] + V_3 \left[1 - \cos(3\phi - \phi_0) \right] \right\} \tag{2-36}$$

$$E_{\text{oop}} = \sum_\chi K_\chi X^2 \tag{2-37}$$

$$
\begin{aligned}
E_{\text{cross}} = & \sum_b \sum_{b'} F_b b' \left(b - b_0 \right) \left(b' - b'_0 \right) + \\
& \sum_\theta \sum_{\theta'} F\theta\theta' \left(\theta - \theta_0 \right) + \sum_b \sum_\theta \left[F_b - b_\theta \left(\theta - \theta_0 \right) \right] + \\
& \sum_b \sum_\phi F_{b\theta} \left(b - b_0 \right) \left[V_1 \cos\phi + V_2 \cos 2\phi + V_3 \cos 3\phi \right] + \\
& \sum_{b'} \sum_\phi F_{b'\theta} \left(b' - b'_0 \right) \left[V_1 \cos\phi + V_2 \cos 2\phi + V_3 \cos 3\phi \right] + \\
& \sum_\theta \sum_\phi F_{\theta\phi} \left(\theta - \theta_0 \right) \left[V_1 \cos\phi + V_2 \cos 2\phi + V_3 \cos 3\phi \right] + \\
& \sum_\theta \sum_{\theta'} \sum_\phi k_{\phi\theta\theta'} \cos\phi \left(\theta - \theta_0 \right) \left(\theta' - \theta'_0 \right)
\end{aligned}
\tag{2-38}
$$

$$E_{\text{elec}} = \sum_{i>j} \frac{q_i q_j}{\varepsilon r_{ij}} \tag{2-39}$$

$$E_{ij} = \sum_{i,j} \varepsilon_{ij} \left[2 \left(\frac{r_{ij}^0}{r_{ij}} \right)^9 - 3 \left(\frac{r_{ij}^0}{r_{ij}} \right)^6 \right] \tag{2-40}$$

式中:E_{bond}——键伸缩势能;

　　E_{angle}——键角弯曲势能;

　　E_{torsion}——二面角扭曲势能;

　　E_{oop}——离高平面振动势能;

　　E_{cross}——交互耦合势能;

　　E_{elec}——库仑静电势能;

　　E_{ij}——非键接势能;

V_1、V_2、V_3——常数;

　　r——原子之间的距离;

　　σ——零势能距离;

　　ε——在 $r = 2^{2/3} \times \sigma$ 的平衡位置时的能量最小值。

2.3 联合原子分子力场

全原子力场的优点是具有更高精确度,可以更好地描述生物分子体系的结构与性质。但是,全原子力场的计算量大、模拟效率低,因此,在计算资源受到限制时,模拟工作者必须减小模拟体系的规模或缩短模拟体系的实际演化时间,影响模拟效果。在联合原子力场中,与碳原子以共价键直接相连的氢原子被隐含于碳原子中,以间接形式出现在力场中,只有那些与 N、O、S 等原子以共价键相连,可以形成氢键的氢原子,才直接出现在力场中。联合原子分子力场中的 CH、CHCH$_2$、CH 和 C 等基团被当成一个联合原子或力点,大多数有机分子的力点数约为原子数的 1/3(平均为 CH),MD 模拟的计算效率大约可以提高一个数量级,因此,在拥有同样多的计算资源时,模拟工作者利用联合原子力场可以模拟更大的体系,实现更长的实际演化时间,得到利用全原子力场难以得到的模拟结果。这也是在计算机技术高度发达的今天,联合原子模型仍然具有巨大生命力和广泛应用的重要原因。

在联合原子模拟方法中,计算效率是一个重要的考虑因素。在尽可能减少计算成本又不影响准确度的情况下,要将联合原子分子力场中相互作用位点的数量尽可能减少,所以联合原子分子力场将非极化氢整合到与之相连的重原子上。因此,联合原子分子力场不具有非极化氢的力场参数。GROMOS 力场属于联合原子分子力场,可以用来处理蛋白、核酸等比较大的分子体系的模拟计算。Jorgensen 等研究者发展起来的 OPLS 力场也是联合原子分子力场,其非键相互作用参数是由凝聚相热力学性质优化的,是描述凝聚相的性质非常好的分子力场之一,在流体相平衡的计算方面应用比较广泛。OPLS 力场中的部分参数还被引用来构建其他的分子力场,如 TraPPE 力场。TraPPE 力场是由 Siepmann 课题组针对有机物体系的相平衡问题开发的,该力场的参数是通过汽-液相平衡实验数据拟合得到的,对热力学敏感性较强,具有很好的迁移性。在用于有机物分子在不同状态下的汽-液、液-液相平衡计算时效果非常好,广泛应用于烷烃、烯烃和苯、芳香烃、醇、丙烯酸酯、二甲基磷酸酯、羧酸类、羧酸酯、醛类、酮类等体系的模拟计算。

2.3.1 OPLS-CHARMM 力场

在 OPLS-CHARMM 力场中,把独立的 H 原子和 C 原子结合在一起,形成一种新的原子 CH$_x$。这种力场对于分子内的势能计算见表 2-1,表中为键伸缩势能 E_{bond}、键角弯曲势能 E_{angle} 以及二面角扭曲势能 $E_{torsion}$ 的计算公式及参数。

结构与分子内部势能的选择　　　　表 2-1

分子内势能	结构	参数
Bond stretching $V_b = k_b \times (l - l_0)$	CH$_x$—CH$_x$	$k_b = 268.09 \text{kcal/mol} \cdot \text{Å}; l_0 = 1.54 \text{Å}$
Angle bending $V_\theta = c_\theta \times (\theta - \theta_0)$	CH$_x$—CH$_x$—CH$_x$	$c_\theta = 62.067 \text{kcal/mol} \cdot \text{deg}^2;$ $\theta_0 = 114 \text{deg}$
Torsion $V_\phi = k_\phi [1 + \cos(n\varphi - d)]$	CH$_x$—CH$_x$—CH$_x$—CH$_x$	$k_\varphi = 1.499 \text{kcal/mol}; d = 0.0 \text{deg}$

键接势能的计算公式如下,截断距离为 10Å:

$$V_{\text{LJ}} = 4\varepsilon\left[\left(\frac{\sigma}{r}\right)^{12} - \left(\frac{\sigma}{r}\right)^{6}\right] \tag{2-41}$$

式中:r——原子之间的距离;

σ——零势能距离;

ε——在 $r = 2^{1/6} \times \sigma$ 的平衡位置时的能量最小值。

对于不同种类的原子之间势能的计算参数人们采用 Lorentz-Berthelot 原则来确定,即

$$\varepsilon_{\text{AB}} = \sqrt{\varepsilon_{\text{A}} \times \varepsilon_{\text{B}}};\sigma_{\text{AB}} = 0.5 \times (\sigma_{\text{A}} + \sigma_{\text{B}}) \tag{2-42}$$

表 2-2 为原子质量及 L-J 非键接势能的参数的具体值。

原子质量及 L-J 非键接势能参数值　　　　　　　　　　表 2-2

原子类型	原子质量(a.m.u)	$\sigma(\text{Å})$	$\varepsilon(\text{kcal/mol})$
CH_3	15.035	3.93	0.2264
CH_2	14.027	3.93	0.0933

2.3.2 TraPPE 力场

(1)TraPPE 力场的原子类型

ThoPTE 力场涉及五种不同的中杂化碳原子,分别与4、3、2、1、0 个氢原子以共价键直接相连,以符号 CH_n 表示。没有取代基的联合原子 CH_4 只存在于甲烷分子中,有 4 个取代基的联合原子 CH_0 为裸露碳原子。直链烷烃没有 CH_1,只有处于两端的 CH_3 联合原子和非端基 CH_2 联合原子。当联合原子与极性原子以共价键直接相连时,这个联合原子将有不同的非键相互作用参数和不为 0 的残余电荷。

类似地,sp^2 中杂化的碳原子也有几种类型。不同的是,sp^2 杂化的碳原子在非共轭体系或共轭体系中被赋予不同的力场参数。非共轭体系中 sp^2 杂化的联合碳原子包括 $CH_2(sp^2)$、$CH(sp^2)$ 和 $C(sp^2)$ 三种,共轭体系中 sp^2 杂化的联合碳原子包括 $CH(\text{aro})$、$R\text{-}C(\text{aro})$ 和 $C(\text{aro})$ 三种。

除了联合碳原子外,O、N、H、S 等其他原子全部采用全原子模型。

(2)TraPPE 力场的势函数形式

在 TraPPE 力场中,所有键长被约束在平衡位置,不允许振动,不需要共价键伸缩势。因此,成键相互作用只包括键角弯曲势、二面角扭曲势和离面弯曲势三种类型,相应的势函数为

$$u_{\text{b}} = \frac{1}{2}k_{\text{b}}(\theta - \theta_{\text{b}})^2 \tag{2-43}$$

$$u_{\text{b}} = C_0 + C_{\tau,1}(1 + \cos\omega) + C_{\tau,2}(1 - \cos2\omega) + C_{\tau,3}(1 + \cos3\omega) \tag{2-44}$$

TraPPE 力场的非键相互作用包括 van der Waals 相互作用和静电相互作用两个部分,势函数为

$$u_{\text{ab}}(r_{ij}) = \sum_{i<j}4\,\varepsilon_{ij}\left[\left(\frac{\sigma_{ij}}{r_{ij}}\right)^{12} - \left(\frac{\sigma_{ij}}{r_{ij}}\right)^{6}\right] + \sum_{i<j}\frac{q_i q_j}{4\pi\,\varepsilon_0 r_{ij}} \tag{2-45}$$

其中,不同原子间的 van der Waals 势参数由 Lorentz-Berthelot 组合规则得到

$$\sigma_{ij} = \frac{\sigma_{ii} + \sigma_{jj}}{2} \tag{2-46}$$

$$\varepsilon_{ij} = \sqrt{\varepsilon_{ii}\varepsilon_{jj}} \tag{2-47}$$

2.4 通用力场

前面介绍的分子力场大多具有很强的针对性,只适用于一类或若干类具有相似组成或结构的分子。这样的分子力场的最大优点是精确度高,可以很好地模拟有关分子体系的结构和性质。但是,这样的分子力场的适用范围狭窄、适应性差,经常缺乏适当的力场参数描述具有特殊组成和结构的分子。有时,即使能够描述这些特殊的分子,分子力场的预报能力也很差,不能满足实际应用的要求。为了克服分子力场适用范围的限制,Goddard 等开发了通用力场。通用力场适用于元素周期表中所有元素形成的任何分子。这里将介绍两个这样的力场,一个是 DREIDING 力场,另一个是 UFF(Universal Force Field)力场。通用力场虽然适用范围很广,但精度低,难以满足具有较高精度要求的模拟任务。

与其他任何力场类似,通用力场也由原子类型、势函数及其形式和力场参数三个部分组成。

2.4.1 DREIDING 力场

(1)DREIDING 力场的原子类型

一个原子参与分子内或分子间相互作用,不但与该原子所属的元素种类有关,而且与其成键类型和所处的化学环境有关。例如,一个 sp³ 杂化的碳原子,同 sp² 或 sp 杂化的碳原子与其他原子间的相互作用不同。因此,经典分子力场不但区分原子的元素种类,也区分原子在分子中所处的化学环境。由于受到当时认知水平的限制,早期的分子力场对原子类型的命名不够系统,但后期开发的分子力场对原子类型命名却严谨而系统。

在 DREIDING 力场中,参与分子内或分子间相互作用的所有原子都被按其成键的杂化类型或几何构型进行系统分类,同种类型的原子参与相互作用性质相同,不同种类型的原子参与相互作用性质不同。DREIDING 力场的原子类型名称最多由五个字符组成,前两个字符与原子的元素符号对应,只有一个字母的元素符号后面加下划线,如 O_、Si_和 S_等分别表示氧、硅和硫原子。原子类型名称的第三个字符表示该原子成键的杂化类型或几何结构,数字 1 表示 sp 杂化或线形结构,数字 2 表示 sp² 杂化或平面三角结构,数字 3 表示 sp³ 杂化或四面体结构,字母 R 表示共轭体系中的 sp² 杂化原子(Resonance)。根据上述规则,乙烷、乙烯、乙炔和苯环中的碳分别用符号 C_3、C_2、C_1 和 C_R 表示。如果某原子是联合原子,其中隐含了不显式出现的氢原子对相互作用的贡献,则用该原子类型名称的第四个字符表示所隐含的氢原子数目。这样,C_32 表示隐含两个氢原子的 sp³ 碳原子,C_33 表示隐含三个氢原子的 sp³ 碳原子。相应地,乙烷分子由两个 C_33 原子组成,其他所用直链烷烃分子由两个位于两端的 C_33 原

子和若干个位于中间的 C_32 原子组成。原子类型名称的第五个字母表示原子的形式氧化态等其他性质。

DREIDING 力场中,氢原子的类型名称比较特别,H_HB 表示可以形成氢键的氢原子,H_b 表示乙硼烷中形成桥键的氢原子。

(2)DREIDING 力场的势函数形式

DREIDING 力场把分子体系的总能量分为成键相互作用和非键相互作用两个部分。其中,成键相互作用包括两体相互作用(键伸缩)、三体相互作用(键角弯曲)、四体相互作用(包括二面角扭曲和离面弯曲两种类型),其表达式为

$$u_{|x|} = u_s + u_b + u_t + u_o \quad (2\text{-}48)$$

特别需要说明的是,DREIDING 力场使用翻转(Inversion)这个词表示离面弯曲(Out-of-Plane Bending)。在本书中,用离面弯曲这个词,以保持用词的统一。

DREIDING 力场的非键相互作用包括 van der Waals 相互作用、静电相互作用和显式氢键相互作用三种类型,其表达式为

$$u_{nb} = u_{vdW} + u_{el} + u_{hb} \quad (2\text{-}49)$$

2.4.2　UFF 力场

UFF 力场比 DREIDING 力场有更广泛的适用范围,是对 DREIDING 力场的发展。

(1)UFF 力场的原子类型

类似于 DREIDING 力场,UFF 力场也以原子的杂化类型或几何构型、氧化态、所处的化学环境等因素确定原子的类型。根据元素周期表中各个元素可能形成的分子结构,UFF 力场总共确定了多达 126 种原子类型。UFF 力场以不多于五个字符的标识符表示原子类型。前两个字符对应原子的元素符号,只有一个字母的元素符号以下画线补充填满第二个字符。因此,N_和 Rh 分别表示氮元素和铑元素,原子类型的第三个字符对应原子成键时的杂化类型或几何构型,数学 1 表示 sp 杂化或线性构型,数字 2 表示 sp^2 杂化或平面三角构型,数字 3 表示 sp^3 杂化或四面体构型,字母 R 表示原子为共振结构的一部分,数字 4 表示平面正方形构型,数字 5 表示三角双锥构型,数字 6 表示八面体构型等。标识符的第四和第五两个字符对应原子的氧化-还原状态等其他重要性质,如 Rh6 +3 表示具有八面体配位的 +3 价的铑。此外,H_b 表示乙硼烷分子中形成桥键的氢原子,O_3_z 表示分子筛骨架中的氧原子,P_3_q 表示具有四面体结构的有机膦分子中的磷原子。

在 UFF 力场中,与原子类型直接关联的有参考半键长和参考键角等成键参数,非键相互作用距离、强度、比例因子等 van der Waals 相互作用参数,有效电荷参数等。利用这些参数,可以确定 UFF 力场的势参数。

(2)UFF 力场势能的构成

UFF 力场中分子总势能被分解为成键相互作用势和非键相互作用势两个部分。成键相互作用势包括键伸缩势、键角弯曲势、二面角扭曲势和离面弯曲势四个部分,但不包括任何交叉项或耦合项。非键相互作用势包括 van der Waals 相互作用和静电相互作用两部分,但不包括 DREIDING 力场中的显式氢键相互作用。

2.5　特　殊　力　场

2.5.1　联合原子简化力场

除了上述的一般性力场外,尚有一些力场为针对某些特殊系统所设计。例如,专门计算沸石(Zeolite)系统的力场、专门计算金属氧化物固体的 COMPASS 力场、专门计算高分子的力场等。Righby 与 Roe 等针对长链烷所设计的力场,将甲基 CH_3 与亚甲基 CH_2 均视为一原子团,质量分别为 15amu 及 14amu,原子团的中心位于碳原子上。其力场的形式表示为

$$U = U_{nb} + U_b + U_\theta + U_\Phi \tag{2-50}$$

$$U_{nb} = 4\varepsilon\left[\left(\frac{\sigma}{r_1}\right)^{12} - \left(\frac{\sigma}{r_1}\right)^6\right] \tag{2-51}$$

$$U_b = k_b(r_2 - r_0)^2 \tag{2-52}$$

$$U_\theta = \frac{1}{2}k(\theta - \theta_0)^2 \tag{2-53}$$

$$U_\Phi = \sum_{n=0}^{5} a_n \cos^n \Phi \tag{2-54}$$

式中:r_1——所有相距大于 4 个基团的距离;

　　r_2——相连基团间的距离;

　　θ——3 个相连基团的键角;

　　a_n——常数;

　　Φ——双面扭转角。

另外一种常见的联合原子简化力场为 Gay-Berne(GB)所设计的。此力场最大的作用在于简化非均向性(Anisotropic)分子间的作用(如苯分子)。其特点为将势能参数 σ 与 ε 视为互相作用分子的距离及排列位向的函数。

二非均向分子间的作用势能为

$$U(r_{ij}) = 4\varepsilon(\widehat{u}_i,\widehat{u}_j,\widehat{r})\left\{\left[\frac{\sigma_0}{r_{ij} - \sigma(\widehat{u}_i,\widehat{u}_j,\widehat{r}) + \sigma_0}\right]^{12} - \left[\frac{\sigma_s}{r_{ij} - \sigma(\widehat{u}_i,\widehat{u}_j,\widehat{r}) + \sigma_s}\right]^6\right\} \tag{2-55}$$

式中:$\widehat{u}_i$、$\widehat{u}_j$——分子位向的单位向量;

　　$\widehat{r}$——连接两个分子中心的单位向量。

上式将 LJ 势能的参数定为分子位向的函数。

分子可想象为椭圆的饼状,其形状可由两个参数 σ_s 与 σ_e 描述。此二参数与势能的关系为

$$\sigma(\widehat{u}_i,\widehat{u}_j,\widehat{r}) = \sigma_0\left\{1 - \frac{\chi}{2}\left[\frac{(\widehat{u}_i \cdot \widehat{r} + \widehat{u}_j \cdot \widehat{r})^2}{1 + \chi(\widehat{u}_i \cdot \widehat{u}_j)} + \frac{(\widehat{u}_i \cdot \widehat{r} - \widehat{u}_j \cdot \widehat{r})^2}{1 - \chi(\widehat{u}_i \cdot \widehat{u}_j)}\right]\right\}^{-\frac{1}{2}} \tag{2-56}$$

其中,

$$\chi = \frac{\left(\frac{\sigma_e}{\sigma_s}\right)^2 - 1}{\left(\frac{\sigma_e}{\sigma_s}\right)^2 + 1} \tag{2-57}$$

χ 称为非均向性形状参数(Anisotropic Shape Parameter),反映椭圆体的形状。若为圆形,则 $\sigma_e = \sigma_s$,χ 值为 0;若为长杆状,则 $\chi = 1$,若为扁圆面,则 $\chi = -1$。实际计算中,通常令 $\sigma_0 = \sigma_s$。

能量参数 ε 与位向的关系为

$$\varepsilon(\widehat{u_i}, \widehat{u_j}, \widehat{r}) = \varepsilon_0 \varepsilon^u(\widehat{u_i}, \widehat{u_j}, \widehat{r}) \varepsilon^v(\widehat{u_i}, \widehat{u_j}) \tag{2-58}$$

$$\varepsilon(\widehat{u_i}, \widehat{u_j}) = \left[1 - \chi'(\widehat{u_i} \cdot \widehat{u_j})^2\right]^{-\frac{1}{2}} \tag{2-59}$$

$$\varepsilon^u(\widehat{u_i}, \widehat{u_j}, \widehat{r}) = \left\{1 - \frac{\chi'}{2}\left[\frac{(\widehat{u_i} \cdot \widehat{r} + \widehat{u_j} \cdot \widehat{r})^2}{1 + \chi'(\widehat{u_i} \cdot \widehat{u_j})} + \frac{(\widehat{u_i} \cdot \widehat{r} - \widehat{u_j} \cdot \widehat{r})^2}{1 - \chi'(\widehat{u_i} \cdot \widehat{u_j})}\right]\right\} \tag{2-60}$$

式中:χ'——度量非均向吸引力的参数。

$$\chi' = \frac{1 - \left(\frac{\varepsilon_e}{\varepsilon_s}\right)^{\frac{1}{u}}}{\left(\frac{\varepsilon_e}{\varepsilon_s}\right)^{\frac{1}{u}} + 1} \tag{2-61}$$

式中:ε_e——椭圆体头对头排列时势能的深度,此时吸引与排斥的作用互相抵消;

ε_s——两椭圆体边对边排列时势能的深度。

Luckhurst 等比较 Gay-Berne 力场与实验的结果,定出 $v=1$,$u=2$ 的关系式。

Gay-Berne 力场的形式虽然复杂,但并不需要计算所有原子间的作用,而是将整个分子视为椭圆体,因此极大地简化了计算的工作,并且可将计算的体系扩大许多。此外,这种力场只需要少数几个参数值,十分简便。Gay-Berne 力场适用于液晶(Liquid Crystal)分子体系的计算,已获得许多良好的结果。

2.5.2 反应力场

传统分子力场方法由于对键级的依赖性而无法模拟键级连续变化的化学反应过程。反应力场(Reaction Force Field,ReaxFF)是加州理工 Adri van Duin 等发展的新型分子动力学方法。反应力场中引入 Bond Order 参数,允许模拟过程中原子之间的键级从未成键(0)到经验键级(如3)之间连续变化,它可用于化学反应过程的模拟,目前已成功应用于有机分子高温反应(热解、燃烧与爆炸)、催化反应、纳米管成形、高能物质动力学过程等模拟。对于介观尺度体系,反应力场耗费成本与分子动力学接近,却可以得到与 DFT 计算相近的结果,更重要的是能够预测可能发生的反应,并观察到各种可能的反应路径。因此,反应力场同时解决了传统方法模拟,如煤热解遇到的两个问题——既能够获得反应热解的产物,又能够以较小的计算量真实地模拟化学键断裂和生成的反应过程。

相比经典分子力学方法,反应力场不需要固定分子内各原子间的连接性,模拟中各原子间的化学键可以自由断裂和生成,因而能够处理过程中的化学反应过程;相对量子化学手段,反应力场具有模拟速度快的优点,并且能够处理较大体系及凝聚相中的化学反应过程。目前的反应力场方法可处理百万原子级的体系,时间尺度可达纳秒级。

在反应力场的模型中,经典力场中的原子类型概念已不复存在,体系中各原子间也没有连接性,而是通过计算任意两个原子间的键级(Bond Order,BO)来确定当前时刻的连接性,一旦键断裂,与之相关的能量项变为零。在反应动力学模拟中,在每次模拟时间步长的迭代中,键级和原子电荷会更新,随着化学键的断裂与生成,原子连接性列表也在连续变化。因此,反应力场的核心为键级的表达,在键级定义的基础上,将原子间的相互作用定义为键级的函数,通过复杂的函数计算区分为键、角、二面角、共轭、库仑、范德华及调整项等。除非键相互作用以外,分子内能量各部分均通过键级来表达,其表达式为

$$E_{system} = E_{bond} + E_{over} + E_{under} + E_{val} + E_{pen} + E_{tors} + E_{conj} + E_{vdWaals} + E_{Coulomb} \tag{2-62}$$

式中:E_{bond}——键级和键能;

E_{over}——过配位的能量矫正项;

E_{under}——过配位的能量矫正项;

E_{val}——价角能量项;

E_{pen}——键角能量惩罚项;

E_{tors}——四体作用项;

E_{conj}——四体共轭项;

$E_{vdWaals}$——非键范德瓦耳斯作用;

$E_{Coulomb}$——库仑作用。

反应力场在一些体系中已经得到了广泛的应用,主要包括:①有机反应;②含能材料(EMs)的反应,如在极端条件下 RDX 以及 HMX 的反应;③聚合物的热分解,如硅树脂;④金属与金属氧化物界面摩擦的研究;⑤镁纳米簇中氢气的储存;⑥Si/SiO_2的氧化作用;⑦金属 Pt 表面 O_2 的吸附与反应等。

第3章

分子动力学计算原理

3.1 分子动力学计算的基本原理

分子动力学是一种用于分析原子和分子物理运动的模拟方法,它结合了物理、数学和化学等多个学科的知识。分子动力学通过研究原子和分子在一段固定的时间内的相互作用,了解系统的动态"进化"。在最常见的版本中,原子和分子的运动轨迹是通过数值求解相互作用粒子系统的牛顿运动方程来确定的,其中粒子之间的力及其势能通常使用原子间势或分子力学力场计算;分子模拟依靠牛顿力学来模拟分子体系的运动,并在不同状态的分子体系所构成的系统中抽取样本,从而计算体系的构型积分,并根据构型积分的结果进一步计算体系的热力学量和其他宏观性质。分子动力学模拟不受样品制备和测试技术的限制,有助于人们理解材料的微观结构与性能之间的关系。分子动力学模拟被认为是 21 世纪以来除理论分析和实验观察之外的第三种科学研究手段,称为"计算机实验"手段,在物理学、化学、生物学和材料科学等许多领域中都得到了广泛应用。

计算机模拟可以提供实验无法得到或很难获得的重要信息;虽然计算机模拟不能完全代替实验,但它为科研工作者提供了重要参考,起到了指导实验、验证某些理论假设的作用,并以此促进了理论和实验的发展。计算机模拟是用于研究复杂的凝聚态体系的强有力的工具。

3.1.1 分子动力学模拟的基本要素

分子动力学模拟包括对一组原子的经典运动方程进行数值求解。为此,需要以下三个基本要素:

(1)分子动力学模拟必须具有一些描述系统中原子之间相互作用的定律。这些定律通常是未知的,但它可以通过力场以不同程度的准确度(和真实性)来近似,或者可以通过电子结构计算来建模,它可以在不同的理论水平上完成。根据这些定律,我们可以计算出给定原子位置、相关势能、原子上的力,以及必要时容器壁上的应力。在分子动力学模拟中,两分子间(或同分子相距一定距离的两个基团间)的静电作用可视为所有原子核上的点电荷对的作用总和。

(2)引入周期性边界实现用少量的粒子来模拟宏观体系。我们需要一种算法来对系统中原子的运动方程进行数值积分。研究人员为此提出了包括 Verlet 算法、蛙跳法等在内的多种不同方案。

（3）为了求解运动方程，需要针对积分方案提供一些有效的初始条件，即系统中所有原子的初始位置和速度。需要注意的是，不同的算法所要求的初始条件会有差异。在分子动力学模拟计算前，要想缩短系统趋于平衡的时间，加快步伐，选择适当的初始条件是非常必要的。此外，适当的初始条件有助于获得较高的精度。

在分子动力模拟计算中，选取适当的积分步程来保证计算时间不延长和计算结果不失精准性也是十分重要的一项工作。积分步程选择的通用原则与实际操作又有一些区别。有了以上三个基本要素，分子动力学模拟可被执行。

3.1.2　分子动力学模拟的基本假设

分子动力学模拟中需要两个基本假设：第一个是假设原子的行为类似于经典实体，即它们遵守牛顿运动方程。该假设的准确性取决于所研究的特定系统以及模拟它的实际条件。对于低温条件下的轻原子，可以预料到这种假设是不准确的，但总的来说，它是一个可接受的假设。除了一些需要注意的例子，如液态氦和其他轻原子，该假设对原子动力学模拟的影响相对较小。对于那些不能忽略量子效应的情况，应该使用路径积分方法或一些类似的方法。

第二个关键的假设是用于描述系统中原子之间相互作用的模型。在分子动力学模拟中，只有充分实现对原子相互作用的描述，才有机会获得关于系统中发生的原子运动的有用和可靠的信息。想要解决关于特定类别系统的一般问题，如低密度气体或液态金属，使用一个通用模型就足够了（力场），但该模型需捕获该特定类别系统的基本特征。因此，针对特定问题找到合适的描述方法是很重要的。

分子动力学模拟是指对于原子核和电子所构成的多体系统，用计算机模拟原子核的运动过程，并计算系统的结构和性质[其中每一个原子核被视为在全部其他原子核和电子所提供的经验市场作用（力场）下按牛顿定律运动]，采用有限差分法对其进行求解。

3.1.3　运动方程求解原理

分子动力学仿真通过运动方程来计算系统的性质，这一技术既能得到原子的运动轨迹，又能像做实验一样进行各种观察，其结果既有系统的静态特性，也有系统的动态特性。对于平衡系统，可以在一个分子动力学观察时间内作时间平均来计算一个物理量的统计平均值；对于一个非平衡系统，只要发生在一个分子动力学观察时间内（一般为 1～10ps）的物理现象，就可以用分子动力学进行仿真。许多与原子有关的微观细节在实际实验中是无法获得的，但利用仿真技术可以方便地得到，这对理论和实验无疑是有力的补充。

分子动力学模拟技术主要涉及粒子运动的动力学问题。与蒙特卡罗模拟方法相比，分子动力学是一种"确定性方法"，它所计算的是时间平均，而蒙特卡罗模拟方法进行的是系综平均。但是按照统计力学各态历经假设，时间平均等价于系综平均。因此，两种方法严格的模拟计算能给出几乎一样的结果。

分子动力学模拟本质上是对原子核和电子所构成的多体系统求解运动方程（如牛顿方

程、Hamilton 方程或拉格朗日方程)的过程,其中每一个原子核被视为在全部其他原子核和电子的作用(力场)下运动,通过分析系统中各粒子的受力情况,用经典力学或量子力学的方法求解系统中各粒子在某时刻的位置和速度,以确定粒子的运动状态,进而计算系统的结构和性质。

Hamilton 量描述可通过下式说明:

$$H = \frac{1}{2}\sum_{i=1}^{n}\frac{p_i^2}{m_i} + \sum_{i<j}u(r_{ij})$$ (3-1)

式中:p_i、m_i、r_{ij}——原子的动量、质量和两个原子之间的距离。

下列公式是描述由 N 个相互作用原子构成的能量守恒的微正则系综的 Hamilton 量,也可以采用牛顿运动方程描述:

$$\frac{d^2r_i(t)}{dt^2} = \frac{1}{m}\sum_{i<j}F_i(r_{ij})$$ (3-2)

由此看出,MD 方法的核心在于求解正则运动方程组,求得系统运动的相轨道 $r(t)$ 和 $p(t)$。具体做法是:在计算机上求运动方程的数值解,通过适当格式对方程进行近似,使之适用于在计算机上求解,实现方程从由连续变量和微分算符的描述过渡到由离散变量和有限差分算符的描述。误差的阶数取决于具体使用的算法,原则上该误差可以任意小,并且只受计算机的主频、倍频以及内存大小的限制。

分子动力学研究的对象是粒子系统,该系统中原子间的相互作用通过势函数来描述,因此,正确选择势函数的类型及其参数,对于模拟结果的准确性具有重要作用。势能函数在大多数情况下将描述分子的几何形变最大限度地简化为简谐项和三角函数;对于非键合原子之间的相互作用,则只采用库仑相互作用和 Lennard-Jones 势相结合来描述。其中,对于原子间相互作用力的描述通常是经验或半经验的,这样虽然能够提高计算效率,但无法完全揭示电子键合的多体性质,特别是对于与自身结构和化学性有关的复杂自洽变分函数。针对该问题,Daw 和 Baskws 的势函数(Embedded-Atom Model,EAM)在某种程度上融合了电子键合的多体性质,将系统的总势能表示为

$$E_{tot} = \sum_i F_i(\rho_{h,i}) + \frac{1}{2}\sum_{i \neq j}^{i,j}\phi_{ij}(R_{ij})$$ (3-3)

式中:F_i——原子 i 的嵌入能函数;

$\rho_{h,i}$——除第 h 个原子以外所有原子在 i 处产生的电子云密度之和;

ϕ_{ij}——第 i 个原子与第 j 个原子之间的对势作用函数;

R_{ij}——第 i 个原子与第 j 个原子之间的距离。

势函数的可靠性主要取决于力场参数的准确性,而力场参数可以通过拟合实验观测数据和量子力学计算数据得到。CHARMM 力场和 AMBER 力场是目前在生物大分子体系模拟中使用最为广泛的分子力场,是早期研究生物大分子的分子力场。现有的力场参数仍在不断优化之中,并且涵盖的分子类型也在不断扩大。

设计一个基本力场的根本原则是使单位时间步长(Time Step)内计算耗能最小,从而实现模拟尺度的最大化。这一点对于全原子力场尤为重要,特别是在进行微秒甚至毫秒级时间尺度的模拟时,这一原则显得极其重要。

粗粒化(Coarse-Grained)模型在计算生物物理研究中越来越引起人们的关注,该模型中定义了粗粒化粒子,相比全原子模型中的若干原子或原子基团甚至分子,该模型中的粒子数大大减少,使得模拟的时间和空间尺度得以大幅提高,但同时会导致原子细节信息的丢失。基于这种模型的分子动力学模拟适合研究缓慢的生物现象或者依赖大组装体的生物现象。

计算机处理器速度的快速增长以及大规模并行计算架构的发展,大规模并行化或专用的架构技术与可扩展分子动力学程序的结合,计算机模拟从位错到基于晶界的变形机制的整个晶粒尺寸范围的覆盖,为探索材料体系的前沿领域开辟了新的途径。

3.2 牛顿运动方程的数值解

分子动力计算的根本原理就是牛顿运动定律。在分子动力学中,系统中原子一系列的位移可以通过对牛顿运动方程进行积分和计算获得。此外,通过计算牛顿第二定律的微分方程可获得系统中原子的运动细节。多粒子体系的牛顿运动方程无法求解析解,而有限差分法是对运动方程求解的重要方法。常见的数值求解法有 Velocity-Verlet 算法和跳蛙算法(Leapfrog 算法)。其中,Velocity-Verlet 算法同时给出了粒子的位置、速度和加速度,并且对计算精度没有影响,它可以显示速度项且计算量较小。而 Leapfrog 算法是 Verlet 算法发展的另外一种计算模式,同 verlet 算法相比较,它不仅可以显示速度项,而且计算相对来说会更加简洁方便,但它的位置和速度并不是同步的。除了上述方法,还有预测校正算法等可以用来计算粒子的速度和位置。

在分子动力计算中有很多因素会对结果造成影响,如初始结构的选取。

关于如何最有效和最准确地对动态系统的运动方程进行积分,已经有很多文献可供参考。这更像是应用数学而非物理学的问题(尽管有些方法具有非常物理的灵感),因此我们不会在这里深入探讨。这里只提供常用的几种数值求解算法,它们对可能遇到的大多数情况都很有用。

分子动力学模拟的出发点是假定粒子的运动可以用经典动力学来处理,对一个由 N 个粒子构成的孤立体系,粒子的运动由牛顿运动方程决定,即

$$m_i \frac{\mathrm{d}^2 r_i(t)}{\mathrm{d} t^2} = f(r(t)) \tag{3-4}$$

式中: m_i、r_i ——第 i 个原子的质量和位置。

计算机模拟方法是利用现代计算机计算高速和精确的优点,对几百个甚至上千个分子的运动方程进行数值积分。对此,有许多不同的积分方法,它们的效率和方便程度各异,但基本上就是用有限差分法来对二阶常微分方程进行积分。

3.2.1 Verlet 算法

Verlet 算法是在 20 世纪 60 年代后期出现的,是扩散分子质心运动的积分中最稳定也是最常用的数值方法。它运用 t 时刻的位置和加速度来预测 $t + t$ 时刻的位置,其积分方案以三阶 Taylor 展开为基础,由以下方程给出:

$$r(t+\delta t) = r(t) + v(t)\delta t + \frac{f(r(t))}{2m}(\delta t)^2 + \frac{\mathrm{d}^3 r}{\mathrm{d}t^3}(\delta t)^3 + O((\delta t)^4) \tag{3-5}$$

$$r(t-\delta t) = r(t) - v(t)\delta t + \frac{f(r(t))}{2m}(\delta t)^2 - \frac{\mathrm{d}^3 r}{\mathrm{d}t^3}(\delta t)^3 + O((\delta t)^4) \tag{3-6}$$

将两个方程相加得到

$$r(t+\delta t) + r(t-\delta t) = 2r(t) + \frac{f(r(t))}{m}(\delta t)^2 + O((\delta t)^4) \tag{3-7}$$

精确度达到 $O((\delta t)^4)$，需要注意的是，位置更新不需要速度。但速度也可以通过下面的方程计算：

$$v(t) = \frac{r(t+\delta t) - r(t-\delta t)}{2\delta t} + O((\delta t)^2) \tag{3-8}$$

速度的精确度为 $O((\delta t)^2)$，相较于位置的求解精确度较低，Velocity-Verlet 算法和 leapfrog 算法可以解决这一问题。

这种算法的优点是占计算机的内存小，并且很容易编程，但它的缺点是位置 $r(t+\delta t)$ 要通过小项 δt^2 与非常大的两项 $2r(t)$ 和 $r(t-\delta t)$ 的差相加得到，这容易造成精度损失。并且这种算法不是一种自启动算法，新位置必须由 t 和 $t-\delta t$ 时刻的位置得到。

3.2.2 Leapfrog 算法

Hockey 提出的 Leapfrog 算法是 Verlet 算法的变化，它是 Verlet 算法的修改版本。为了获得更准确的速度，Leapfrog 算法使用半时间步长的速度，即

$$v\left(t+\frac{\delta t}{2}\right) = v\left(t-\frac{\delta t}{2}\right) + \delta t a(t) \tag{3-9}$$

t 时刻的速度由下式给出：

$$v(t) = \frac{v\left(t+\frac{\delta t}{2}\right) + \dfrac{v\left(t-\frac{\delta t}{2}\right)}{2}}{2} \tag{3-10}$$

当在时间 t 需要计算动能数据时，在必须执行速度反算的情况下，该算法十分实用。以下公式可以获得原子位置：

$$r(t+\delta t) = r(t) + v\left(t+\frac{\delta t}{2}\right)\delta t \tag{3-11}$$

这种算法与 Verlet 算法相比有两个优点：①包括显速度项；②收敛速度快，计算量小。这种算法明显的缺陷是位置和速度不同步。

Leapfrog 算法在计算上比预测-校正算法更简单，并且需要更少的存储。在大规模计算的情况下，这可能是一个重要的优势。此外，Leapfrog 算法即使在较大的时间步长下也遵守能量

守恒。因此,使用该算法可以大大缩短计算时间。但是当需要更准确的速度和位置时,应选用其他算法,如预测-校正算法。

3.2.3 Velocity-Verlet 算法

Velocity-Verlet 算法不仅可以同时给出位置、速度和加速度,还给出了显速度项,并且不会对计算精度造成影响,计算量适中,目前应用比较广泛。

原子的位置信息每 δt 步更新:

$$r(t+\delta t) = r(t) + v(t)\delta t + \frac{1}{2}a(t)\delta t^2 \tag{3-12}$$

速度信息每 $\delta t + \delta t/2$ 步更新:

$$v\left(t+\frac{\delta t}{2}\right) = v(t) + \frac{1}{2}a(t)\delta t \tag{3-13}$$

下一个 $(t+\delta t)$ 里的加速度:

$$a(t+\delta t) = -\frac{1}{m}\nabla U(r(t+\delta t)) \tag{3-14}$$

下一个 $(t+\delta t)$ 里的速度:

$$v(t+\delta t) = v\left(t+\frac{\delta t}{2}\right) + \frac{1}{2}a(t+\delta t)\delta t \tag{3-15}$$

3.2.4 Gear 的预测-校正算法

Gear 的预测-校正算法分为三步来完成:①根据 Taylor 展开,预测新的位置、速度和加速度。②根据新计算的力计算加速度,这个加速度再与 Taylor 级数展开式中的加速度进行比较。③两者之差在校正步骤里用来校正位置和速度项。

这种方法的缺点是占计算机的内存大。

除了上述提及的几种方法外,还有 Beeman 算法、Rahman 算法等。

3.3 周期性边界条件

3.3.1 周期性边界条件的物理定义

物质的宏观性质由组成该物质的大量微观粒子的统计行为决定,要利用 MD 模拟方法准确地预测该物质的宏观性质,模拟体系必须包含足够多的微粒子。当前,最先进的计算系统可以模拟多达 10^8 数量级的粒子,但大多数 MD 模拟工作者不能获得这样的计算设施或服务。除常规的基于 CPU 的计算机外,利用 GPU 技术更有可能模拟多达 10^9 数量级的原子。但是,即使拥有这样的计算设施,仍然无法充分满足 MD 模拟对计算能力的要求。事实上,即使视物质体系包含多达 10^{10} 个水分子,元胞的边长仍只有 $0.67\,\mu m$ 左右,具有显著的边界效应。

为了消除模拟体系的规模限制所引起的边界效应,通常在 MD 模拟中引入周期性边界条件(Periodic Boundary Conditions, PBC)。引入周期性边界条件后,模拟体系成为无限的具有相同性质的分子体系的一部分,简称中心元胞。通过周期性边界条件,中心元胞的像在三维空间中周期性地重复出现,充满整个空间。这样,虽然 MD 模拟方法只模拟实际物质的很小一部分,但由于所模拟体系的像在三维空间中周期性地出现,整个体系变成无穷大了。

边界条件一般分为两类:一类是非周期性边界条件;另一类是周期性边界条件。其中,周期性边界条件被广泛用于分子动力学模拟、离散元方法。周期性边界条件是一组边界条件,通常通过使用称为单位单元的一小部分来选择它们,以近似大型(无限)系统。在周期性边界条件下,每当粒子运动到盒子外时,必有完全相同的粒子从相对的盒子边界进入盒子,进入的速度大小和方向与出去的粒子完全相同;如图 3-1 所示,灰色填充的是真实的盒子,周围是其镜像,当粒子④运动到盒子外后,周围的镜像粒子会补充到盒子中。事实上,周期性边界条件的最大优势并非其粒子运动规律,而是其粒子间交互作用计算法则,即最近镜像方法,如图 3-2 所示。图中灰色填充的是真实的盒子,周围是其镜像,图中的圆表示交互作用的截断半径内的范围,在计算粒子④与其他粒子的交互作用时,不仅考虑了真实盒子内粒子③与其的作用,也考虑了镜像粒子①和⑤的作用。这样处理,相当于将原有的盒子放大到了无限大,等效的模拟体系被无限放大,并且完全消除了边界效应,最大限度地接近实际情况。

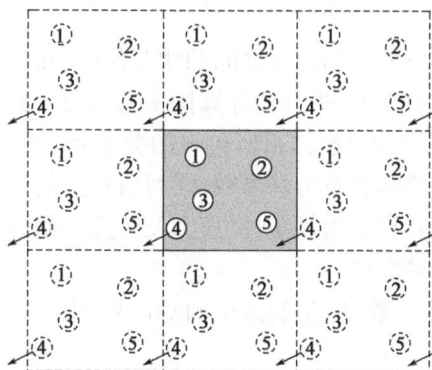

图 3-1　周期性边界条件粒子移动示意图　　　　图 3-2　最近镜像方法

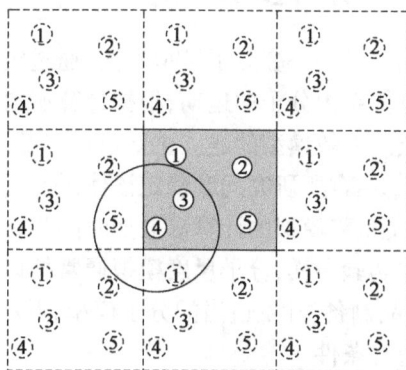

3.3.2　周期性边界条件的不足

周期性边界条件的引入虽然消除了边界效应,但同时给模拟体系强加了一个实际并不存在的周期性,使得长程有序。因此,欲使模拟结果与实际宏观体系没有显著区别。模拟的中心元胞在各个方向上应该有足够的长度。虽然,对 Lennard-Jones 粒子构成的液体,只要中心元胞的最小边长大于 $6a$,周期性边界条件的引入不会对模拟结果产生显著影响。但是,如果模拟的粒子间存在长程相互作用,且 a 小于模拟体系的空间维数,则粒子与其最近邻像粒子之间的相互作用将使各向同性的模拟体系呈现出与中心元胞相同的对称性。

周期性边界条件的引入还抑制了长波涨落。因此,不能在 MD 模拟中再现波长大于中心元胞边长的密度涨落。特别是在气-液平衡、临界点等附近,由于存在宏观尺度的涨落,MD 方法不能模拟处于气-液平衡、临界点等附近的物质。周期性边界条件这种空间周期性的引入也将引起模拟体系的虚假时间周期性,导致计算时间相关函数时出现不正常的尾巴,影响动力学性质的计算。

如果 MD 模拟体系中包含了合成高分子、生物大分子,必须保证中心元胞的尺度大于这些大分子的尺度;同时要保证所模拟的大分子与其像分子之间有足够的水分子或其他溶剂分子,否则将导致模拟的失败。事实上,由于必须在中心元胞中充满水分子,MD 模拟生物大分子时大量的计算时间多被用于处理水分子,这也成为影响 MD 模拟生物大分子效率的一个重要原因。

总的来说,周期性边界条件的引入对 MD 模拟平衡体系,以及远离相变点的体系的热力学性质、结构性质的影响很小。但是,为了保证 MD 模拟结果的可靠性,必须在保持模拟体系密度不变的条件下改变模拟体系所包含的分子数目,进行多次模拟。同时,根据计算机的计算速度,尽可能增大模拟体系的规模,也是一种保守却有效的做法。

3.4　计算步骤及初始值设定

3.4.1　计算步骤

分子动力学是一套分子模拟方法,通过定义物质原子与原子之间的相互作用,在牛顿力学体系下计算体系内分子的运动,根据计算所得的相关数据,进一步计算体系的热力学参数或其他宏观性质。一般模型的建立主要包括三部分:①确定模型体系所包含的分子及每个分子的化学结构;②结合所研究问题确定该体系所适用的势函数及力场参数;③对所建立的模型进行验证,并确定最终模拟的计算参数如时间步长、模拟时间、边界条件、压力及温度控制方式等。

与真实实验一样,分子尺度模拟通常按以下步骤完成:

(1)样品制备,开发适当的分子模型,并指定粒子数、优化的原子间势(或力场)以及合理的初始和边界条件。

(2)执行以下平衡过程,直到系统特性不再随时间变化:牛顿方程($F = ma$)被应用和求解,分子位置、速度和轨迹被更新。

(3)计算和汇总从分子轨迹中的特性。

一般来说,经典的 MD 模拟包含四个关键组件:

①势函数(也是力场),用于计算原子之间的力。

②经典力学($F = ma$),确定原子加速度和瞬时速度。

③积分算法,更新能量,生成轨迹。

④统计力学/热力学,可以解释原子尺度和宏观尺度之间的联系。

3.4.2　MD 模拟的力场选择

确定模拟体系的模型后,下一步的任务是建立模拟体系的分子力场模型。分子力场模型包括全原子力场模型、联合原子力场模型、粗粒度原子力场模型、可极化分子力场模型等多种类型。目前,全原子力场模型是最常用的一类分子力场模型,常用于无机分子、有机分子、生物分子、溶液、熔融盐等体系的模拟;联合原子力场模型具有比全原子力场模型更高的抽象程度,更节省计算时间,常用于有机分子、生物分子、合成高分子等的模拟;粗粒度原子力场模型具有最高的抽象度,常用于脂质体、表面活性剂溶液、液晶等体系的模拟;可极化分子力场模型具有比全原子力场模型更强的表现力,可用于水系电离现象等的模拟。

分子力场模型包括势函数形式及参数两方面的内容。从无到有建立分子力场模型是极其复杂的过程,因此,在实际模拟中经常利用已被广泛应用的分子力场模型。

如果所选择的力场参数集中缺少某些势参数,就必须采用适当方法定制这些势参数。其中,分子内相互作用势参数是分子结构和形貌的决定因素,常用量子化学计算、经验方法、红外光谱数据等确定。分子内相互作用包括化学键伸缩振动、键角弯曲振动、绕单键旋转或二面角扭曲运动、分子内非键相互作用等。化学键伸缩振动与键角弯曲振动对分子构型的影响不显著,对应的能量很高,力常数的变化对模拟结果的影响不大,相反,绕单键旋转或二面角扭曲运动对分子的构型,特别是对合成高分子和生物大分子的形貌影响巨大,对应的能量与热运动能处在同一范围内,必须认真对待。

在许多情况下,需要利用不同来源的力场参数集,以满足实际 MD 模拟方法实施的需要。在划分不同的运动模式所对应的能量时,同一来源的力场参数采用的方案相同,各参数之间相互自洽。相反,不同来源力场参数,在划分不同的运动模式所对应的能量时采用的方案不同,各参数之间不能自洽。因此,混用不同来源的力场参数进行 MD 模拟,必须保证参数之间的自洽性,否则,难以得到合理的模拟结果。

在初步确定模拟需要的全部力场参数后,需要对这些参数进行最后的检查和优化,以保证力场模型的正确性。由于成键相互作用与非键相互作用之间的能量差距大,对这两类相互作用参数的优化可以分别进行。成键相互作用主要决定分子的形状和形貌,如果在 MD 模拟中发现分子的形状和形貌偏离平衡状态,需要检查成键相互作用是否有误。非键相互作用决定密度、沸点等与体系状态方程有关的性质。适当调整非键相互作用参数,可以使 MD 模拟结果符合体系的状态方程。

3.4.3　MD 模拟的初始条件

根据经典力学理论,对于任何经典力学体系,只要确定体系的初始构型和初始速度,就可以计算体系在未来任何时刻的构型与速度。利用统计力学的概念,模拟体系的初始构型和初始速度,对应相轨迹在相空间中的起始点,而 MD 模拟就是计算由相空间中的起始点出发的一段相轨迹。任何 MD 模拟都只能得到体系相轨迹的一小段,为了保证 MD 模拟得到的这一小段相轨迹在相空间中的代表性,MD 模拟的起始点必须接近平衡状态。相反,如果相轨迹的起始点远离平衡状态,不但会导致模拟得到的相轨迹没有代表性,而且可能影响模拟过程的稳定性,导致模拟不能正常进行。下面是确定初始构型和初始速度的一般要求。

对于单原子分子体系和小分子体系,模拟温度不要太低,一般比较容易达到平衡状态。因此,可以随机设定体系的初始构型。但是,必须注意分子的形状不能过于偏离平衡构型,分子间也不能互相靠得太近。否则,分子内和分子间排斥力过大,使运动方程处于不稳定状态,导致 MD 模拟失败。如果上述情况发生,可以利用构型优化技术,在 MD 模拟前先优化体系的构型,降低体系的势能,纠正被高度扭曲的构型,确保模拟过程的正常进行。

3.4.4　MD 模拟参数的确定

确定模拟体系的分子模型、力场模型、初始条件后,就可以设定 MD 模拟的技术参数,进行正式模拟。这些参数包括以下几个方面:

(1)数值积分算法或差分格式,包括 Verlet 蛙跳算法、速度蛙跳算法等。

(2)数值积分时间步长。

(3)计算分子间相互作用力的算法,如计算库仑力的 Ewald 求和算法、计算非键相互作用的裁断半径及其截断处理方法等。

(4)计算分子间相互作用力时的节省时间算法,如近邻列表算法、格子索引算法及与此相关的参数。

(5)模拟系综及其算法,包括模拟的统计系综(如正则系综、NPT 系综等),状态变量 P、V、T,实现统计系综的算法。

(6)模拟过程参数包括准备和产出阶段的模拟步数、出错处理方法等。

(7)模拟输出开关,在模拟过程中需要计算的各种物理量、算法及其相关参数,需要输出的各种信息。

3.4.5　MD 模拟的过程

在完成上述工作后,就可以实施具体的 MD 模拟,具体过程如下:

第一步:将上述各种参数按 MD 模拟程序的要求格式,写入不同的输入文件,供 MD 模拟程序读取。

第二步:确定输出信息、输出频率、输出文件的格式等,体系的构型和速度信息,即相轨迹文件(Trajectory File)或历史文件(History File),将随模拟的进行而迅速积累,生成海量数据。事实上,随着 MD 模拟的进行,相轨迹文件将迅速增大,稍不注意就会写满整个文件系统。因此,必须预先估计相轨迹文件的大小,避免写满整个文件系统。当然,如果输出的相轨迹数据太少,也不利于统计体系的各种性质。

第三步:由于种种原因,MD 模拟过程可能会在正常结束前终止,因此,必须设置断点处理方案,以保证在模拟过程中断后无须从起始步开始模拟,可以直接从断点前的适当时间步继续进行模拟,节省计算时间。

第四步:为了保证 MD 模拟结果的代表性与可靠性,必须从不同的初始条件反复多次重复模拟。根据热力学原理,任何热力学体系的平衡性质与初始构型无关。因此,如果从不同的初始条件模拟得到的结果不一致,则模拟结果不具代表性或不可靠。

3.5　系综理论及热力学等同性

3.5.1　统计系综理论

系综是具有不同微观状态但具有相同宏观或热力学状态的所有可能系统的集合。统计集合可以通过固定状态变量[如能量(E)、体积(V)、温度(T)、压力(P)和粒子数(N)等]来生成,然后根据这些量在生成的集合中的平均值或波动来计算结构、能量和动态特性。这里介绍三种常见的系综。

(1)微正则系综

在微正则系综中,系统与粒子数(N)、体积(V)和能量(E)的变化无关,并且对应于没有热交换的绝热过程。一个微正则系综的分子动力学轨迹可以看作势能和动能的交换,总能量是守恒的。因为温度控制方法没有促进能量流动,所以无法达到所需的温度。

微正则 Monte Carlo 方法不使用随机数来确定某移动的接受,而是用以下方法来实现。从体系的一个构型 q^N 开始,此状态的势能用 $U(q^N)$ 表示。把此体系的总能量固定在 $E > U$ 的某个值上,最后引入一附加的自由度来表示此体系能量的剩余部分,即 $E_D = E - U$,E_D 总是非负值。这时开始 Monte Carlo 运算。

①每个尝试移动之后,计算此体系能量的改变。

$$\Delta U = U(q'^N) - U(q^N) \tag{3-16}$$

②如果 $\Delta U < 0$,接受此移动且增加由 $|\Delta' U|$ 决定的守护程序(Demon)。如果 $\Delta U > 0$,检查维护体是否有充足的能量可以弥补这个能量差,否则,拒绝接受此尝试移动。

注意:在此运算中没有使用随机数,利用统计力学原理容易明白,平衡之后发现能量 E_D 的维护体的概率密度服从玻尔兹曼分布,即

$$N(E_D) = (k_B T)^{-1} \exp\left(-\frac{E_D}{k_B T}\right) \tag{3-17}$$

因此,守护程序可作为一个温度计。

注意:此方法并未真正进行微正则系综模拟,保持恒定的是体系的总能量。但是可以通过对动能的每个二次方项引入一个守护程序来模仿真正的微正则系综,然后可以用与前面相同的准则,随机选择一个守护程序来支付或接受每个尝试移动的势能改变。用微正则系综 Monte Carlo 来模拟分子体系是十分罕见的。

(2)正则系综

在正则系综中,粒子的数量(N)、体积(V)和温度(T)是守恒的,并且吸热和放热过程的能量与恒温器交换。正则系综是蒙特卡罗方法模拟处理的典型代表。

(3)NPT 系综

NPT 系综可以控制温度和压力。粒子数(N)、压力(P)和温度(T)是守恒的。除了恒温器之外,还增加了一个恒压器。

NPT 系综在 Monte Carlo 模拟中得到了广泛的运用。这并不奇怪,因为大多数实验都是在给定压力和温度的条件下进行的,而且 NPT 系综模拟能用来计算模型体系的状态方程,甚至能计算不易计算的维里压力表达式。例如,它不仅适用于非球形硬核分子的某种模型,而且适用于每个新构型都可数值地计算势能(非成对加和)的这一类模型。最后,用 NPT 系综 Monte Carlo 模拟临近-阶相变的体系是方便的。因为在恒压下,体系会自由地(当然要给足够的时间)完全地转变到低吉布斯自由能的状态。然而在 NPT 模拟中,体系可能维持在某个密度,该密度本可分离为两个不同密度的主体相,但是由于有效尺度的影响而不能分离。

3.5.2　热力学等同性

正则系综中体系的能量 E 在原则上虽可以取零与无穷大之间的任何许可值,但是,由于体系的能量 E 的相对涨落与 $N^{-\frac{1}{2}}$ 成正比,对由大量微观粒子组成的宏观体系 ($N \gg 10^{10}$),能量的涨落几乎不可测量。因此,宏观体系的微正则系综与正则系综实际上相互等价。产生这种等价性的原因是,正则系综的概率分布和能量分布都存在尖锐的极大值,分别与微正则系综的概率分布和能量分布对应。由此可以认为,微正则分布是正则分布的一种极限情况。不管是用微正则系综,还是用正则系综,计算得到的力学量的系综平均相同,这被称为系综的热力学等同性。

第4章

分子动力学计算的应用

本章讨论经过动力学计算后模型的数据处理与结果分析,以得到体系的动态迁移过程、结构变化、热力学性质等,并进一步证明模型的合理性和准确性,了解体系的特征。其中,主要涉及的参数有热力学参数、径向分布函数、MSD 和自由能。

4.1 运动轨迹分析

分子动力学计算的基础是牛顿定律,因而每一个原子(或基团)在每一步的运动中均有一个速度和坐标。随着时间的变化,原子的坐标和速度反映了原子运动的路径,原子运动的路径被称为运动轨迹,而原子速度反映其运动的方向与快慢。通常在计算中每 10 步或者 20 步存取体系中所有原子的坐标和速度以供后期分析之用,称为存取轨迹。通过存取轨迹可以计算相关的物理量,从而得到有用的统计学信息,然后以图形的方式对计算得到的结果进行展示,从而了解分子结构在运动过程中的变化情况。除此以外,还有一种表示方法,即将特定的原子或特定的内坐标的运动轨迹与时间的关系以图形表示,用以研究特殊形态的运动,这更有助于了解体系的运动过程。

实际上,MD 模拟过程中产生的相轨迹文件的数据量是非常大的,可以达到上千 G。目前通过国内大学和研究机构的局域网传输这样大量的数据还是比较困难的,尤其是当计算主机不在本机构内时,通过互联网传送数据是没有办法实现的。图 4-1 为 500ps 的模拟时间内银团簇在聚乙烯(PE)链和水分子键中的运动轨迹图。

从图 4-1 可以看出,在 500ps 的短时间动力学模拟过程中,银团簇同时受 PE 链和水分子键的作用力。MD 模拟一开始,银团簇直接向水层移动。对于处于界面上的银团簇,PE 对银团簇的作用力小于水分子对银团簇的作用力。这也可以间接证明,从食品包装向食品或食品模拟物迁移的纳米银更有可能来源于食品包装表面溶解析出的纳米银。

图 4-2 为 SBS 改性剂和基质沥青相互吸附的动态构型变化示意图。由图 4-2 得到,随着时间的推移,在该界面模型中,SBS(苯乙烯-丁二烯-苯乙烯嵌段共聚物)改性剂逐渐向基质沥青靠拢并最终均匀稳定地分布在基质沥青当中,这说明 SBS 改性剂与基质沥青之间存在吸附作用。在不同制备温度的 SBS 改性剂与基质沥青的界面模型中,SBS 改性剂在 50ps 时都已经

与基质沥青接触,则 SBS/基质沥青模型中分子间相互作用力的影响率先发生聚集现象。观察不同制备温度的相同时间节点的 SBS/基质沥青模型的动态结构可以发现,在 170℃制备条件下,SBS 改性剂在 100ps 时基本与基质沥青相融合,160℃在 100ps 之前 SBS 改性剂的扩散速度明显慢于其他温度下的模型。

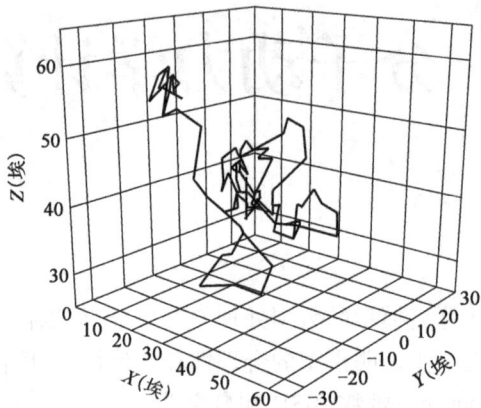

图 4-1 500ps 的模拟时间内银团簇在 PE 链和水分子键中的运动轨迹

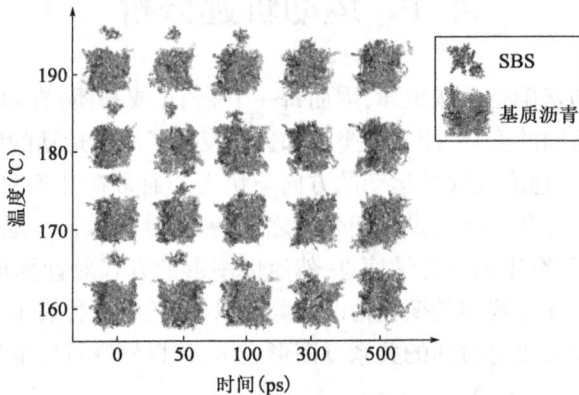

图 4-2 SBS 改性剂和基质沥青相互吸附的动态构型变化示意图

4.2 热力学性质

热力学体系的性质既与热力学体系的本质有关,也与体系所处的温度、压力等有关。例如,由气体组成的热力学体系,当体系的温度 T、压强 P 和体积 V 确定以后,体系的所有宏观性质被确定。因此,温度、压强、体积量的集合既决定了体系性质,也决定了体系所处的热力学状态。

4.2.1 热力学体系与分类

热力学体系是由大量原子、分子等微观粒子组成,并与其周围环境相互作用的宏观体系。在 MD 模拟中,首先必须保证所模拟体系包含足够多的微观粒子具有代表性,否则模拟结果无法代表模拟体系的宏观性质、模拟无效。其次,热力学体系必须有限,热力学不研究由无限的原子、分子等微观粒子组成的无限体系。

(1)宏观状态

任意一个处于平衡状态的热力学体系,其宏观性质由一组独立的宏观参数确定,如体系的温度 T、压力 P 以及各组成成分的物质的量 $n_1, n_2, \cdots, n_M$ 等。如果热力学体系处在重力场 g、电场 E、磁场 H 等外场中,则决定体系性质的还应包括 g、E、H 等外场强度参数。当这些描写热力学体系状态的参数选定后,热力学体系的热力学内能 U、焓 H、熵 S、自由能 G 等所有其他性质都可以表示为热力学体系状态参数的单值函数。

(2)微观状态

根据经典力学理论,一个自由度为 f 的热力学体系的微观状态由 f 个广义坐标 q 和 f 个广义动量 p 确定,只要给定某初始时刻热力学体系中各粒子的广义坐标矢量 $q(t)$ 和广义动量矢量 $p(t)$ 就可以由热力学体系的 Hamilton 运动方程单值确定任意时刻的 $q(t)$ 和 $p(t)$,且 $q(t)$ 和 $p(t)$ 随时间连续变化,在相空间描绘出连续曲线,称为相轨迹。在量子力学中,自由度与描述热力学体系所需要的包括自旋等在内的独立坐标对应,并等于热力学体系的量子数。如果将热力学体系的各个可能量子态按适当的次序罗列,则可以以一组指标 $R = 1$,2,3 标记量子态。因此,一个体系所处的微观状态可以用体系所处的量子态 R 表示。根据测不准原理,当某个孤立热力学体系的总能量为 E 时,其实际总能量仍可以在某个有限的范围内变化。这样的体系,即使在宏观上非常小,在微观上也非常大,包含大量的能量。此外,由于简并态的存在,一个由大量微观粒子组成的热力学体系,即使处在相同的能级,仍可处于不同的量子态。

4.2.2 热力学体系的演化和相轨迹

在任意时刻,热力学体系的状态由空间中的一个代表点表示。当体系的状态发生变化时,代表点在相空间中移动,其轨迹即体系的运动,称为相轨迹或相轨道。若体系为孤立体系,则相轨迹必定位于一个称为等能面的 $2f - 1$ 维的相曲面上。显然,不同能量的等能面不能相交。由于不存在绝对的孤立体系,一般孤立体系的可能状态处在等能面 E 和 $E + 8E$ 所包围的相体积内。

在经典力学中,根据热力学体系的 Hamilton 函数 $H(q, p)$,可以写出一组 Hamilton 运动方程。只要确定了热力学体系的初始条件,即相空间中的一个初始点或某一时刻的一组 $q(t)$ 和 $p(t)$,就可以计算得到热力学体系在相空间中的演化轨迹。由于 Hamilton 运动方程的解必须为单值,热力学体系从不同的初始状态出发,在相空间中沿不同的轨迹运动,不能相交;同时,经过相空间中任何点的相轨迹只有一条。因此,热力学体系在相空间中代表点的运动轨迹,由热力学体系运动方程唯一确定。

4.2.3 热力学涨落与参数

(1)能量涨落与热容

依据统计系综的概率分布可知,系综中的所有体系几乎均分布在平衡位置附近,同样,其热力学量也在平衡值附近分布。但也有一些体系会偏离平衡位置,相应地,其对应的热力学性质也会偏离平衡位置,这种现象称为热力学涨落。在体系的各种热力学量中,只有不受约束的宏观量才存在围绕平均值的涨落。

动能的统计涨落(Fluctuation)定义为

$$(\delta K)^2 = (K^2) - (K)^2 \tag{4-1}$$

根据该物理量,可以计算体系的热容(Heat Capacity)C_V。热容是热力学特性的一个重要参数,其与相变的种类密切相关;通过计算热容,可以系统地鉴别体系的相变与相变种类;同时,通过对比热容的实验值和 MD 模拟值,可以验证模拟结果的可靠性。在模拟中只需要进行单个温度下的单次 MD 模拟,根据体系的热力学涨落得到体系的热容,即

$$(\delta K)^2 = \frac{3k_B^2 T^2}{2N}\left(1 - \frac{3}{2}\frac{k_B}{C_V}\right) \tag{4-2}$$

式中:N——体系的总原子数;

K——系统的动能。

用式(4-2)计算体系的热容,只涉及体系总能量的计算,依据模拟过程中记录的总能量数值,计算体系的热容值。

(2)压力涨落与等温压缩系数

压力的定义为单位面积所受的力。在分子动力学模拟中,体系的压力可由体积、温度与位力(Virial)计算。位力的定义为

$$W = \frac{1}{2}\sum_{j=1}^{N} \boldsymbol{r}_j \cdot \boldsymbol{F}_j \tag{4-3}$$

以瞬间压力 P 的平均值计算压力,即

$$P = \frac{Nk_B T}{V} + \frac{2W}{3V} \tag{4-4}$$

式中:T、W——体系的瞬间温度与位力,其中 T 的计算表达式为式(4-5)。

$$T = \frac{2}{3Nk_B}K \tag{4-5}$$

则

$$P = \frac{2}{3V}(K + W) \tag{4-6}$$

体系的等温压缩系数(Isothermal Compressibility)与压力之间的关系为

$$k_T = -V^{-1}\left(\frac{\partial V}{\partial P}\right)_T \tag{4-7}$$

分子动力计算可控制体系的压力或应力,常用的有 Berendrsen、Andersen 或 Parrinello-Rahman 的方法。

目前,在分子动力学计算分析中常用的热力学特性参数有热膨胀系数、玻璃化转变温度 T_g、等温压缩系数以及热导率。

4.3 径向分布函数

径向分布函数通常是指给定某个粒子的坐标,其他粒子在该粒子周围的分布概率,通常用 $g(r)$ 表示。一般用径向分布函数来研究物质的有序性和电子的相关性。径向分布函数示意图如图 4-3 所示。

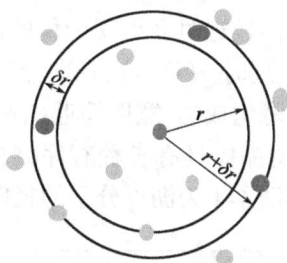

图 4-3 径向分布函数示意图

将图中红色小球视为已知坐标的中心粒子,则 $g(r)$ 可以表示在距离红色小球的距离 r、厚为 $g(r)$ 的球壳中分布的其他粒子的概率,则 $r \rightarrow r+\delta r$ 内的分子数目为

$$dN = \rho g(r) 4\pi r^2 \tag{4-8}$$

式中:ρ——体系的密度。系统的分子数目认为是 N,对上式进行积分,得

$$N = \int_0^\infty \rho g(r) 4\pi r^2 dr = \int_0^N dN \tag{4-9}$$

根据式(4-9),得到径向分布函数与 dN 的关系:

$$g(r) = \frac{dN}{\rho 4\pi r^2 dr} \tag{4-10}$$

该式表明径向分布函数可以用体系的区域密度与平均密度的比值来表示。当 r 值增加时,区域密度与平均密度相等,此时,径向分布函数的值接近 1。在分子动力学中,径向分布函数依据下式计算,即

$$g(r) = \frac{1}{\rho 4\pi r^2 dr} \frac{\sum_{t=1}^{T}\sum_{j=1}^{N} \Delta N(r \rightarrow r+\delta r)}{NT} \tag{4-11}$$

式中:N——分子的总数目;

T——计算的总时间(步数);

δr——设定的距离差;

ΔN——介于 $r \rightarrow r+\delta r$ 间的分子数目。

径向分布函数可以用来分析聚合物模型的堆积情况,当其在某一位置出现明显高于其位置的峰值时,则表明在该位置范围内出现了聚集结构。

径向分布函数分布图中是否存在第一峰和第一峰的位置能够反映出参考粒子与其他粒子

之间的作用力大小。径向分布函数分布图中存在第一峰,说明参考粒子与其他粒子的作用力较大,聚集性较好;反之,径向分布函数分布图中没有第一峰,说明参考粒子与其他粒子的作用力较小,聚集性较差。第一峰位置越靠左且越尖锐,表示两个粒子相互结合能力越大;反之则表示两个粒子相互结合能力越小。因此,通过径向分布函数能够分析出粒子间的相互作用力大小,更加清晰地认识材料的微观结构特点。

另外,通过径向分布函数能够分析出材料的有序程度,能够分析出其电子的相关程度。气、液、固等物质的径向分布函数均有所不同。理想气体的径向分布函数没有任何结构,液体与非晶体的径向分布函数曲线在距离较近时会出现少量的高低和宽窄不等的峰,但是峰的高度随着 r 值的增加迅速降低,距离较远时 $g(r) \approx 1$,径向分布函数趋于平均分布。晶体物质的径向分布函数曲线是由尖锐且高的峰组成的,宽度趋近 0,高度趋近无穷。当 r 值增加时,晶体物质的峰依旧呈尖锐的形状,这说明晶体具有长程有序结构,而液体与非晶体表现为近程有序、远程无序,气体则为无序状态。图 4-4 为沥青分子的径向分布函数示意图。

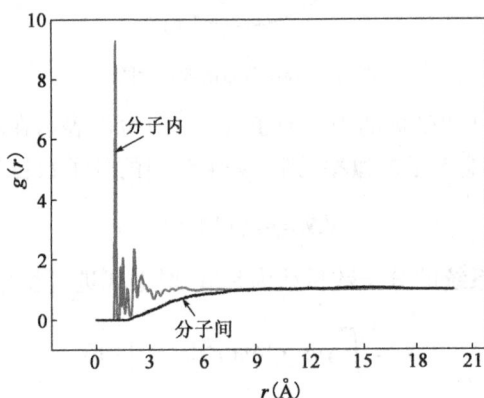

图 4-4　沥青分子的径向分布函数示意图

由图 4-4 可知,沥青分子内部径向分布函数的峰值在 3Å 以内,3Å 以外曲线平缓且逐渐趋近于 1;分子间的原子径向分布函数渐渐上升,达到最大值后逐渐趋向于 1,说明构建的沥青分子模型表现为近程有序、远程无序,分子间的相互作用力以范德华力为主。而沥青材料为典型的非晶体材料,径向分布函数所表现的沥青性质与理论依据相吻合。

第一近邻的配位数也是一种分析微观结构的方式,此概念首先由阿尔弗雷德·维尔纳于 1893 年提出,更多地用于化学结构的表征。在微观结构的表征中,配位数用来描述中心原子第一壳层内原子的平均数目,反映的是中心原子与其他原子的结合能力和配位关系,描述的是体系中粒子排列的紧密程度,配位数越大,粒子排列越紧密。一般来说,配位数是通过对径向分布函数的第一峰进行积分来得到的,其定义为

$$N = 4\pi\rho \int_0^{R_{\min}} r^2 g(r)\,\mathrm{d}r \tag{4-12}$$

对于晶体结构,通过配位数可以判断出晶体的结构;对于液态的非晶态结构,配位数可以作为一个发生结构转变的敏感参量,为结构转变的判断提供依据。例如,对于液体中液-液相变现象,众多研究都将配位数的变化作为判断的依据之一。

4.4　均方位移

所有参与物质构成的分子和原子无时无刻不进行着热运动,粒子随时间的位移变化可以用均方位移(MSD)表示,以反映粒子的扩散情况。MSD 越大,表明分子的运动越剧烈。实际研究中通过模拟中粒子位置的变化来获得粒子的 MSD。$r(t)$ 为时间 t 时粒子的位置,$r(t+\Delta t)$ 为间隔 Δt 后粒子的位置,此间隔时间 Δt 内粒子的平方位移为 $[r(t+\Delta t)-r(t)]^2$,则 MSD 的计算公式如下:

$$MSD = <[r(t+\Delta t)-r(t)]^2> \tag{4-13}$$

式中:$<\cdot>$——对组内的所有原子进行平均。

依据统计原理,只要分子数目够多,计算时间够长,系统的任一瞬间均可当作时间的零点,所计算的平均值应相同。当体系达到平衡值时,对于液体来说,MSD 随着动力学计算的时间呈线性关系;对于固体来说,MSD 在经过一定时间的自由运动后其值将会在一个定值附近振荡,证明体系内粒子运动至平衡状态。沥青分子模型的 MSD 在 0～10ps 的时间内迅速增大,其后增大速度逐渐变缓慢,没有明显的大幅波动,说明沥青分子具有一定的流动性。20ps 后 MSD 缓慢增大,维持在 0.9Å 附近,表示沥青分子符合一种动态平衡状态,也印证了沥青在 298K 的条件下为固体状态。沥青分子的 MSD 如图 4-5 所示。

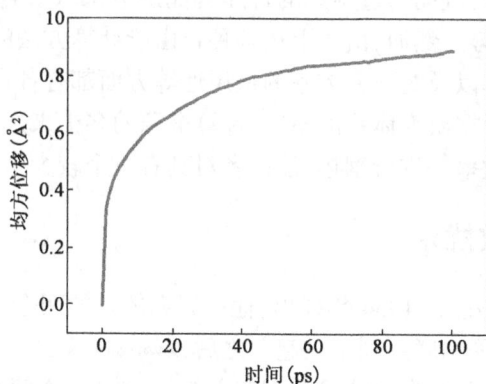

图 4-5　沥青分子的 MSD

早在 1828 年,植物学家 Robert Brown 就发现浸泡在水中的花粉粒子(布朗粒子)在不停地做无规则运动(布朗运动),他将该运动归结为布朗粒子的本质属性。爱因斯坦利用"无规行走"方法将布朗运动与扩散现象联系起来。布朗粒子的运动是周围液体分子对布朗粒子的反复撞击而引起的一种随机运动。布朗粒子每次因受撞击而发生的运动与前次运动的方向和距离无关。因此,在足够长的时间后,布朗粒子的净位移为零,但布朗粒子的 MSD 却与所经历的时间成正比。根据上述分析,可将粒子的运动情况分为两个阶段:前期,粒子被限制在自由体积的空隙内,无法扩散,此时粒子的 MSD 趋近于一个常数;后期,粒子会跳出限制区域,进入另一个自由体积的空隙,这种连续的跳跃称为扩散。因此,根据爱因斯坦的扩散定律有

$$\lim < [r(t + \Delta t) - r(t)]^2 > = 6Dt \tag{4-14}$$

式中：D——粒子的扩散系数（Diffusion Constant），因此，当时间很长时，MSD 对时间曲线的斜率为 $6D$。

4.5 自 由 能

自由能是指在某一个热力学过程中，系统减少的内能中可以转化为对外做功的部分。它衡量的是在一个特定的热力学过程中系统可对外输出的"有用能量"。自由能的计算在计算科学领域是一个非常重要的研究课题，所有物理、化学以及生物过程自发进行达到的程度都是由初态（反应物）与终态（产物）之间的自由能变化决定的。对于一个反应来说，反应的自由能差对应于该反应的热力学上的可逆功。目前，自由能的计算方法有多种类型，经典的方法有热力学微扰法（Thermodynamic Perturbation）和热力学积分法（Thermodynamic Integration）等。这类方法原理上严谨，计算结果也比较精确，但需要大量的数据采集，所需的计算资源很多，在实际应用上受到体系大小以及计算资源的限制。最新发展出来的自由能计算方法有 Jarzynski Equality、Meta dynamics 等。其中，Jarzynski Equality 由大量不可逆功的系统平均值来求解反应过程的自由能数据，但在具体使用时，此方法的准确度受研究体系的影响很大；而 Meta dynamics 则是不断地对研究体系施加额外的高斯型排斥、势能函数、使目标分子能够脱离自由能的势阱，访问到高自由能区域，进而通过施加的排斥势能函数来求解自由能数据，在求解自由能二维势能面上有很大的优势。然而，由于上述各种自由能计算方法的原理不同，它们在具体操作步骤、计算自由能的效率以及对研究体系的适用性等方面都有各自的特点，因此在计算体系自由能数据的时候，需要根据研究体系的不同、计算资源的多少来选定特定的计算方法。下面对各个方法的原理、计算效率等进行阐述，使读者对其有一个较为全面的了解。

4.5.1 热力学微扰法

热力学微扰法由 Zwanzig 在 1954 年提出，他将研究体系的两个状态（初态和终态）的自由能差与其能量差值的系统平均联系到了一起。之后，Zwanzig 又进一步得到了计算自由能差值的幂级数展开式，即将初态和终态的能量分别定义为 E_0 和 E_1，这两个状态由一个很小的干扰势能 V 联系起来，就得到如下的二阶展开项：

$$E_1 = E_0 + V \tag{4-15}$$

$$\Delta G = G_1 - G_0 = <V> - \frac{1}{2kT}(<V^2> - <V>^2) \tag{4-16}$$

这样研究体系初态和终态之间的自由能差值就能由干扰势能的系统平均值计算得到。这种方法的有效性已经被很多体系所证实。尤其是波动服从高斯概率分布体系。

上述公式只能用来计算初态和终态之间只有较小差异的研究体系，即干扰势能 V 很小的体系。而在实际应用过程中，所计算自由能差的初态和终态往往有比较大的差异，这就使得上述公式不能直接应用到研究体系中。因此，只能在初态和终态之间加入中间态：引入耦合变量，通过微调人为地制造出一系列只有微小差异的中间态，每一个中间态的能量为初态和终态

的耦合,即

$$E(\lambda_i) = E_0\lambda_i + E_2(1 - \lambda_i) \tag{4-17}$$

然后,通过式(4-18)求解相邻两个中间态的自由能差值 ΔG_i,最后将所有中间态之间的自由能差值加和,得到初态和终态之间的自由能差:

$$\Delta G = \sum_i^n \Delta G(\lambda_{i \to i+1}) \tag{4-18}$$

微扰法计算自由能的基本思想就是从一个已知的状态出发,通过一系列的微小变化,使之达到终态,在每一个中间态上进行分子动力学模拟,得到体系的势能变化,最终求解得到初态和终态的自由能差。

根据 λ 的间隔大小,可以将微扰法分为固定步长、慢增长以及动态步长三种方法。在固定步长方法中,相邻两个中间态的间隔是固定的;在慢增长方法中,中间态的数据趋近于无穷多个,相邻两个中间态之间的差异接近零;在动态步长方法中,每一步微扰的步长是可变的,体系根据上一次微扰的自由能数据变化大小可以确定下一次微扰的步长。根据热力学原理构建热力学循环后,微扰法就可以用来计算相关反应过程的自由能变化。对于一般的研究体系,需要使用微扰法进行两次自由能的计算,再根据构建好的热力学循环,得到最终的自由能变化。然而,由于需要对一系列的中间态进行取样,计算自由能的过程就需要消耗大量的计算资源,在计算效率上与其他方法有较大的差距。但由于计算过程只涉及初态和终态,中间态是人为设置的,最终结果只有一个自由能变化的数据,不像其他方法那样具有反应坐标以及对应的自由能数据变化趋势。所以,对于小分子体系来说,使用微扰法可以得到较为准确的自由能数据,但是涉及生物大分子体系时,微扰法会给计算带来非常大的压力,可以截取关键片段进行相关计算,或者使用其他计算效率相对较高的方法。

4.5.2　热力学积分法

热力学积分法的基本计算公式是由 Kirwood 提出的,在该方法中,研究系统的两个状态的自由能变化也由一个耦合变量 λ 连接,初态时 $\lambda = 0$,终态时 $\lambda = 1$。通过连续改变 λ,得到一系列介于初态和终态的中间态,通过对这些中间态的取样,最终计算得到自由能变化数据。以 H 表示研究体系在某个状态 λ 下的能量,则其具体的自由能计算公式为

$$\Delta G = \int_{\lambda=0}^{\lambda=1} < \frac{\partial H}{\partial \lambda} > \lambda \mathrm{d}\lambda \tag{4-19}$$

在实际操作中,自由能能量的动力学部分并没有被包含在这里面,这是因为在计算中,可以根据相关基本原理明确地得到动力学部分的解析解;同时,利用热力学循环求解研究体系自由能变化时,动力学的贡献会相互抵消。在热力学积分方法中,计算自由能的基本思想是将研究体系在无限长时间内的能量均值等价于其系综平均值,因此可以通过有限时间的取样来估计系综平均值,进而通过上述公式求解得到相关自由能数据。由于在实际应用中,无法得到 λ 连续变化的相关数据,只能为 λ 设定一些差异较小的离散值,通过对研究体系在不同 λ 对应状态下的多次取样,估计出研究体系的能量以后,由下面的自由能计算公式得到相关的自由能变化数据:

$$\Delta G = \sum_{k=1}^n \left[\frac{1}{n_\lambda} \sum_{i=1}^{n_\lambda} \frac{\mathrm{d}V_\lambda(r_{i,k})}{\mathrm{d}\lambda} \right] \Delta\lambda \tag{4-20}$$

式中:n——计算过程中涉及的研究体系状态的个数,即 λ 的个数;

n_λ——对研究体系的某个状态 λ 的取样次数;

V_λ——研究体系在状态 λ 下的势能;

$r_{i,k}$——坐标与研究体系在状态 λ 下的玻尔兹曼概率相关,其中下标 i 和 k 分别指对研究体系每个状态的取样数以及涉及的研究体系状态的总个数。

尽管热力学积分法计算自由能的相关理论出现得很早,其准确、通用的计算方法却是在最近才提出的。热力学积分方法与热力学微扰法的原理以及操作流程比较类似,热力学积分方法在原理上比较严谨,计算所得结果较为精确,计算相关研究体系自由能变化的时候需要构建热力学循环,通过两次自由能数据的计算,可以求得自由能变化的数据。同样,热力学积分方法也需要对研究体系的各个状态进行大量的样本采集,需要消耗大量的时间,因此,对于较为简单的研究体系来说,采用热力学积分方法计算自由能数据可以得到很好的结果。

第5章

分子动力学计算在沥青中的应用

5.1 分子动力学计算软件

分子动力学模拟是通过利用计算机求解体系内所有粒子的运动方程来模拟粒子的运动轨迹,从而获得系统的温度、体积、压力、应力等宏观量和微观过程量的。近年来,随着高性能计算机技术的飞速发展,各种分子动力学模拟工具层出不穷。针对不同领域应用的分子动力学模拟软件也有许多,常用的有 Materials Studio、LAMMPS、GROMACS、NAMD、AMBER、CHARMM 等。其中,Materials Studio 主要应用于材料科学,LAMMPS 通常用于一般性的分子动力学,GROMACS、AMBER、NAMD、CHARMM 等软件包主要针对分子生物学的分子动力学研究。下面我们主要介绍 Materials Studio、LAMMPS、GROMACS、NAMD 等软件。

5.1.1 Materials Studio

Materials Studio 是美国 Accelrys 公司开发的新一代材料计算软件。美国 Accelrys 公司是由 4 家世界领先的科学软件公司[美国 Molecular Simulations Inc. (MSI)公司、Genetics Computer Group(GCG)公司、英国 Synopsys Scient ific 系统公司以及 Oxford Molecular Group(OMG)公司]于 2001 年 6 月 1 日合并组建的,是全球范围内唯一能够提供分子模拟、材料设计以及化学信息学和生物信息学全面解决方案和相关服务的软件供应商。

Accelrys 材料科学软件产品提供了全面、完善的模拟环境,可以帮助研究者构建、显示和分析分子、固体及表面的结构模型,并研究、预测材料的相关性质。Accelrys 材料科学软件是高度模块化的集成产品,用户可以自由定制、购买软件系统,以满足研究工作的不同需要。Accelrys材料科学软件用于材料科学研究的主要产品包括运行于 UNIX 工作站系统上的 Cerius2 软件,以及全新开发的基于 PC 平台的 Materials Studio 软件。Accelrys 材料科学软件被广泛应用于石化、化工、制药、食品、石油、电子、汽车和航空航天等工业及教育研究部门,在上述领域中具有较大影响力的世界各主要跨国公司及著名研究机构几乎都是 Accelrys 产品的用户。

Materials Studio 是专门为材料科学领域研究者开发的一款可运行在 PC 上的模拟软件。它可以帮助研究者解决当今化学、材料工业中的一系列重要问题。Materials Studio 软件支持 Windows、Unix 以及 Linux 等多种操作平台,使化学及材料科学的研究者能够更方便地建立三维结构模型,并对各种晶体、无定形以及高分子材料的性质及相关过程进行深入的研究。

多种先进算法的综合应用使 Materials Studio 成为一个强有力的模拟工具。无论是构型优化、性质预测、X 射线衍射分析,还是复杂的动力学模拟和量子力学计算,都可以通过一些简单易学的操作来得到切实可靠的数据。

Materials Studio 软件采用灵活的 Client-Server 结构。其核心模块 Visualizer 运行于客户端 PC,支持的操作系统包括 Windows 98、Windows 2000、Windows NT 等;计算模块(如 Discover、Amorphous、Equilibria、DMol3、CASTEP 等)运行于服务器端,支持的系统包括 Windows 2000、Windows NT,SGIIRIX 以及 Red Hat Linux。浮动许可(Floating License)机制允许用户将计算作业提交到网络上的任何一台服务器上,并将结果返回到客户端进行分析,从而最大限度地利用了网络资源。

任何一个研究者,无论其是否是计算机方面的专家,都能充分享用 Materials Studio 软件所带来的先进技术。Materials Studio 软件生成的结构、图表及视频片段等数据可以及时地与其他 PC 软件共享,方便与其他同事交流,并能使研究者的讲演和报告更加引人入胜。

Materials Studio 软件能使任何研究者达到与世界一流研究部门相一致的材料模拟的能力。模拟的内容包括催化剂、聚合物、固体及表面、晶体与衍射、化学反应等材料和化学研究领域的主要方向。

Materials Studio 软件采用了大家非常熟悉的 Microsoft 标准用户界面,允许用户通过各种控制面板直接对计算参数和计算结果进行设置和分析。Materials Studio 软件包括如下功能模块。

(1)Materials Visualizer

Materials Visualizer 是 Materials Studio 软件的核心模块,提供建模、分析和可视化工具。Materials Visualizer 结合清晰、直观的图形用户界面,提供了高质量的 Windows 标准环境,用户可以将任何 Materials Studio 产品插入其中。Materials Visualizer 软件提供快速的交互式工具,使用户能够构建分子、结晶材料、表面、界面、层和聚合物的图形模型。用户可以操作、查看和分析这些模型。Materials Visualizer 软件可以处理图形、表格和文本数据,并提供软件基础设施和分析工具来支持全系列的 Materials Studio 产品。Materials Visualizer 也可以作为独立工具运行,用于构建、可视化和编辑结构。与 Windows 生产力工具的交互允许轻松共享和报告结果和数据。

(2)Amorphous Cell

Amorphous Cell 是一套计算工具,可构建复杂非晶系统的代表性模型并预测关键属性。Amorphous Cell 可以预测和研究的属性包括内聚能密度(CED)、状态方程行为、链堆积和局部链运动。无定形细胞构建的方法是基于成熟方法的扩展,用于生成包含具有现实平衡构象的链分子的大量无序系统。Amorphous Cell 其他功能包括:构建包含小分子和聚合物的任意组合的任意混合物系统;具有生产有序向列中间相和无定形材料板的特殊能力,适用于创建界面模型,也被用于研究黏附性等。

(3)Blends

Blends 结合了改进的 Flory-Huggins 模型和分子模拟技术来计算二元混合物的相容性。这些混合物的范围从小型模型到大型系统,包括聚合物溶液、聚合物混合物和合金;获得的信息包括相图(临界点、双节线和旋节线曲线)、热力学混合变量(混合的能量和自由能)、温度相关的相互作用参数 χ、结合能分析以及分子间有利结合构型的识别,这些分析有助于理解分子和表面、添加剂和散装材料、液体和晶体之间的相互作用。

（4）Cantera

Cantera 是化学速率方程的求解器。给定反应物混合物的起始组成，它可以根据产物混合物的组成预测反应的结果。此计算所需的信息包括相关物质的热力学性质（如焓）和反应速率参数（如活化能）。Cantera 可以解决均质系统（如搅拌良好的反应堆容器）以及反应堆网络和一维非均质系统（如火焰）。

（5）CASTEP

CASTEP 最初由英国剑桥大学凝聚态理论小组开发，是一个应用密度泛函理论（DFT）来模拟各种材料类别的固体、界面和表面特性的程序。基于总能量平面波赝势方法，CASTEP 模块可以获取系统中原子的数量和类型，并预测包括晶格常数、分子几何形状、结构特性、能带结构、状态密度、电荷密度和波函数以及光学特性在内的特性。代码的高效并行版本也可用于模拟包含数百个原子的大型系统。

（6）CCDC

CCDC 模块允许用户从 Materials Studio 软件中查询本地和远程剑桥结构数据库（CSD）实例。ConQuest Search 组件为 CSD 数据库的 CCDC ConQuest 查询引擎提供了一个接口。用户可以在 CSD 中搜索在 Materials Studio 软件中加载的结构片段实例或使用结构参考或化学名称。此外，用户可以将 3D 结构或片段（包括已定义的任何测量）导出到单独的 CCDC 桌面应用程序，以作为 CSD 搜索的基础。Motif Search 组件允许用户分析晶体结构中特定官能团之间形成的氢键基序；用户可以搜索 CSD 以识别观察到的交互基序并获得它们的概率分布；用户可以根据氢键基序对输入晶体结构列表进行分类；用户可以根据 CSD 中发现的这些基序的统计频率对预测的氢键基序进行评分。

（7）Conformers

Conformers 模块提供了搜索非周期性分子系统的构象空间的方法，以便获得低能量构象的合理采样。Conformers 模块探索的主要自由度是分子系统的一组可旋转扭转角。Conformers 模块可以执行系统和随机（随机）搜索。Conformers 模块允许用户计算一系列描述符，使用户能够对结构进行详细分析。Conformers 模块还提供了对运行输出执行扩展搜索的选项。用户可以选择由初始 Conformers 运行产生的构象异构体的子集，并围绕这些结构中的每一个进行二次搜索。

（8）DFTB +

DFTB + 模块是一种独特的基于密度泛函的紧密结合量子力学的代码，允许用户研究簇、分子、固体和纳米结构。DFTB + 模块将 DFT 的精度和可靠性与紧束缚的简单性和效率相结合，为基态和激发态属性计算提供了通用性。

（9）DMol3

DMol3 是一种独特的密度泛函理论（DFT）量子力学代码，允许用户研究气相、溶剂、表面和固体环境中的问题。由于独特的静电方法，DMol3 模块长期以来一直是分子 DFT 计算最快的方法，并且可以使用离域内坐标快速执行分子系统的结构优化。此外，DMol3 还可以使用 LST/QST 算法与共轭梯度细化的组合来非常有效地搜索过渡状态，从而避免 Hessian 矩阵成本高昂的计算。

（10）Forcite

Forcite 是一个分子力学模块,用于使用经典力学对任意分子和周期系统进行势能和几何优化计算。Forcite 为 COMPASS、UFF 和 Dreiding 力场提供支持。凭借如此广泛的力场,Forcite 基本上可以处理任何材料。除了按顺序使用这些方法的 Smart 算法之外,几何优化算法还提供最速下降法、共轭梯度法和拟牛顿法。这使得可以高效执行能量最小化,并获得合理的分子结构构型。

（11）Gaussian

Gaussian 模块使用 Hartree-Fock（HF）和密度泛函理论（DFT）方法研究分子。使用Gaussian 模块,可以预测结构、电子特性、热力学特性、NMR 和振动光谱。

（12）GULP

GULP（General Utility Lattice Program）模块旨在执行与三维立体相关的各种任务。虽然它最初是为了尝试生成用于原子间势拟合的输入文件驱动程序,但是现在它已经扩展到包含能量最小化、声子计算和其他有用的设施。GULP 模块可以对非周期系统进行计算。该工具在计算分子缺陷的缺陷能量时很有用。此外,GULP 模块还允许对批量和聚类信息进行电位的组合拟合。

（13）Kinetix

Kinetix 是一个通用程序,适用于动力学蒙特卡罗方法模拟在晶体表面发生的化学和物理过程。

（14）VAMP

VAMP 是最先进的半经验量子力学程序,可模拟气相和溶剂相中分子的反应和性质。该程序经过优化,具有高度的数值稳定性和快速性,即使在大型分子系统上,它也可以非常有效地执行计算。VAMP 模块功能包含许多对几何和过渡态的优化以及静电的增强。VAMP 模块可以模拟溶剂效应并计算许多特性,如偶极矩、极化率、电荷密度、静电势、热力学特性和化学位移。

（15）Synthia

Synthia 模块允许用户使用经验和半经验方法对聚合物特性进行快速估计。Synthia 可以预测大量无定形均聚物和无规共聚物的各种热力学、机械和传输特性。Synthia 的主要优势在于它在其相关性中使用连通性指数,而不是群体贡献。这意味着 Synthia 不需要组贡献数据库,并且可以预测由以下九种元素任意组合而成的聚合物的性质:碳、氢、氮、氧、硅、硫、氟、氯和溴。

（16）Reflex

Reflex 模块提供粉末衍射数据的快速交互式模拟。Reflex 使用粉末衍射工具,来自模拟的反馈是图形化的且易于理解。结果可以直接与实验数据进行比较,模拟模式可以在结构被操纵时即时更新,从而允许结构建模与实验的实时耦合。Reflex 模块也可以对 X 射线、中子和电子衍射进行模拟。

5.1.2　LAMMPS

LAMMPS 是一个经典的分子动力学软件,可以模拟液体中的粒子,以及固体和气体的系综。LAMMPS 可以采用不同的力场和边界条件来模拟全原子、聚合物、生物、金属、粒状和粗料化体系;LAMMPS 可以计算的体系小至几个粒子,大到上百万甚至是上亿个粒子;可以在单个处理器的台式机和笔记本电脑中运行且有较高的计算效率,尽管它是专门为并行计算机设计的;可以在任何一个安装了 C＋＋编译器和 MPI 的平台上运算,当然也包括分布式和共享式并行机和 Beowulf 型的集群机。

LAMMPS 是可以修改和扩展的计算程序,如可以加上一些新的力场、原子模型、边界条件和诊断功能等。

从通常意义上讲,LAMMPS 是根据不同的边界条件和初始条件对通过短程和长程力相互作用的分子、原子和宏观粒子集合对它们的牛顿运动方程进行积分。高效率计算的 LAMMPS 通过采用相邻清单来跟踪它们邻近的粒子。这些清单是根据粒子间的短程互拆力的大小进行优化的,目的是防止局部粒子密度过高。在并行机上,LAMMPS 采用的是空间分解技术来分配模拟的空间,把整个模拟空间分成较小的三维小空间,其中每一个小空间可以分配在一个处理器上。各个处理器之间相互通信并且存储每一个小空间边界上的"ghost"原子的信息。LAMMPS 在模拟三维矩形盒子并且具有近均一密度的体系时效率最高。

5.1.3　GROMACS

GROMACS 于 20 世纪 90 年代初诞生于德国哥廷根大学 Berendsen 实验室,其开发初衷是发展一个并行的分子动力学软件,初版功能主要基于 Van Gunsteren 和 Berendsen 开发的串行动力学软件 GROMOS。虽然与 GROMOS 软件有很深的渊源,但 GROMACS 软件诞生之后,两个软件各自独立发展,分别由 Berendsen 和 van Gunsteren 实验室维护和开发,在功能和特性上也渐趋不同。van Gunsteren 实验室侧重于与 GROMOS 同名的力场的开发,Berendsen 实验室则在动力学软件本身的开发尤其是性能提升方面取得了很多进展。2001 年开始,GROMACS 软件的开发维护工作由瑞典 KTH 皇家技术学院的 Science for Life Laboratory 主导。GROMACS 主体代码使用 C 语言,近年来正逐步过渡到 C＋＋,代码开源。在 GROMACS 发展历程中,一直强调性能优化,其运行效率尤其是单机计算效率在多个 benchmark 中明显优于几个主流同类软件。时至今日,高度优化的计算性能和代码的开放性为 GROMACS 软件赢得了众多的用户,使之成为目前生物系统分子动力学模拟领域最常用的软件。

5.1.4　NAMD

NAMD 是一款命令行工具,主要被运用于生物大分子大规模分子动力学计算。NAMD 支持Charmm、Namd 和 Amber 等多种力场,由美国伊利诺伊大学生物物理系和计算机系联合开发,旨在开发出高效的分子动力学并行程序,可支持 Charm＋＋并行。目前 NAMD 还支持在 GPU 加速器上的运算。NAMD 具有非常强大的大规模并行计算能力,已经实现了在上千个处理器上的并行计算,对包括超过 30 万个原子的大分子系统进行模拟。但是,NAMD 不具备可视化功能。为了解决 NAMD 的可视化问题,软件的研发团队专门开发出了可视化分析工具 VMD。VMD 不仅可以用于完成对 NAMD 模拟结果的处理与分析,还是分子动力学模拟前期准备的重要工具。VMD 使用的 Tcl/Tk 语言同样为分子动力学模拟的结果处理提供了多样化的解决方案:研究人员不仅可以从 VMD 的图形界面看到分子动力学模拟全程的动态画面,并调用已有的软件包分析分子动力学模拟的结果,还可以根据需求编写 Tcl/Tk 脚本,完成对所需数据的处理。

5.1.5 分子动力学软件特点

不同分子动力学软件特点见表 5-1。

不同分子动力学软件特点

表 5-1

软件名称	特点
Materials Studio	方便直观,允许用户通过各种控制面板直接对计算参数和计算结果进行设置和分析
LAMMPS	有较高的计算效率,可以修改和扩展计算程序,如可以加上一些新的力场、原子模型、边界条件和诊断功能等。LAMMPS 对分子动力学中的单元粒子、相互作用、积分器等关键组分进行了抽象,并暴露了对各组分进行灵活配置的 API。基于这样的抽象,LAMMPS 实现了异常丰富的对粒子类型和力场的支持,模拟对象不限于某一门类的体系,应用相当广泛。 同样是基于上述抽象,结合 C++ 的模块化特性,LAMMPS 代码具有很强的功能可扩展性。用户通过对几个主要基类的继承可以很容易地对分子动力学框架下的各个组分进行定制,从而实现新的原子类型(Atom Style)、相互作用类型(Bond Style)、计算量(Compute Style)、积分器(Fix Style)等
GROMACS	运行效率尤其是单机计算效率明显优于几个主流同类软件,GROMACS 最突出的特色是高效,无论是串行版本还是并行版本。为达到这一目标,GROMACS 进行了大量设计和优化,包括但不仅限于下面这些: (1)采用多层级的并行方式分配计算任务,尽量在各个层面上充分利用系统的并行性。第一层为 ensemble 级别的并行,由一个独立的框架软件 Copernicus 在 GROMACS 上层实现,ensemble 中包含多个相对独立的系统拷贝,每一个拷贝由 GROMACS 进行动力学计算,相互间通信量很少,通过 http 实现。第二层为 MPI 级别的并行,通过空间分解将计算量分配到多个计算单元,划分方法采用 D. E. Shaw 提出的 eighth shell 方法,多个计算单元间通过 MPI 通信。OpenMP 作为并行模式的第三层,在 MPI 分解至节点的基础上通过基于 OpenMP 的多线程机制利用多核的并行性。 (2)曾经大量使用手写的汇编语言内核来调用支持 SIMD 的硬件,但这种编程模式耗费了大量开发时间。从 4.6 版本开始,GROMACS 加入了一个基于 SIMD intrinsics 的模块抽象 SIMD 操作,并使用一个新的内置 SIMD 数学库来避免不是所有 SIMD 指令集都支持查表和整型操作。这种方式大大简化了支持新 CPU 架构所需完成的开发。 (3)默认使用混合精度模型。程序大量使用 Strength-Reduction 算法来保证单精度的使用。 (4)在较新近版本中的一个重要优化是引入了一种基于 Cluster 的邻近列表加速邻近列表的构建和访问
NAMD	NAMD 不仅拥有较高的模拟精度,更是所有分子动力学模拟工具中运行效率最高的一个。NAMD 能够支持 CUDA 加速,能够实现在最低成本的条件下完成最多的运算任务。另外,NAMD 对单机运行及集群并行都有着优异的支持,因而也常常出现在超级计算机的配套软件中。除此之外,NAMD 虽然没有演化出专用的力场参数文件,但是它能够支持 CHARMM、AMBER 等格式的力场参数文件,能够最大限度地利用现有的研究成果,避免重复劳动。NAMD 不具备可视化功能

5.2 基质沥青的热力学参数计算

5.2.1 沥青组分模型

沥青是一种复杂的化学混合物,其成分主要是碳氢化合物,有少量结构相似的杂环物质和含有硫、氮和氧原子的官能团。此外,沥青还含有少量的金属,如钒、镍、铁、镁和钙,它们以无机盐和氧化物的形式存在。对沥青的初步分析表明,大多数沥青包含82% ~88%的碳、8% ~11%的氢、0 ~6%的硫、0 ~1.5%的氧和0 ~1%的氮。其确切的成分根据沥青的原油来源而有所不同。

由于沥青的化学成分极其复杂,很难对沥青进行完整的分析,也很难用精确的公式来描述沥青。然而,通过沥青四组分的标准实验方法,可以将沥青分成四组分(饱和、沥青质、树脂和芳烃),这种分离方法揭示了沥青的分子模型。

对于沥青分子模型的构建,从国内外文献调研情况来看,主要设计方法包括沥青平均分子模型法和沥青分子组装法。

(1)沥青平均分子模型法

沥青平均分子模型法主要依据核磁共振、红外光谱与 E-M-D 法等技术手段来获得沥青分子的平均结构,从而建立分子模型。

Jennings 等依托美国公路战略研究计划(Strategic Highway Research Program,SHRP),借助核磁共振等技术提出了八种沥青分子平均结构,并针对各种不同构型从物化性质、整体结构等角度作出了详细分析。

丛玉凤等利用 E-M-D 法来研究辽曙沥青的分子结构,并构建出相应的平均分子模型,用于模拟 SBS 改性剂和基质沥青的过程。Sun 等建立了四种沥青平均分子结构模型,并引入三维微裂隙来模拟沥青的愈合过程。研究发现,沥青的愈合过程与温度密切相关,处于最佳温度区间沥青愈合速率快,愈合效果好。这类方法的优势在于虚拟模型与真实分子关联性较好、元素组成契合度高等,但是分子模型的内部结构与真实情况存在较大差异,而且无法获得不同组分(如沥青质、胶质等)之间的相互作用信息。

(2)沥青分子组装法

为了更好地展示沥青各组分间的相互作用和体现沥青分子结构内部的多样性,沥青分子组装法应运而生,成为目前最为常用的模拟方法。其依据沥青组分类型分为三组分组装法和四组分组装法。三组分组装法是将沥青分为油分、树脂和沥青质,通过构建或选取合适的分子模型,再按照各组分间的质量比组装成虚拟的沥青分子模型。四组分组装法在分子模型构建过程上与三组分组装法类似,只是对沥青分子组分的划分更加细致。四组分组装法更能准确反映真实的沥青分子特征,但也会增加模拟计算的工作量。

对于沥青来说,沥青质分子是整个沥青分子中相对分子量较大、极性较强的组分,易溶于芳香族溶剂(如苯等),但不溶于脂肪族溶剂(如戊烷、庚烷等)。现代胶体学说认为,沥青质分子对极性强的胶质具有很强的吸附力,形成了以沥青质为核心的胶团,而胶质则吸附在沥青质周围形成中间相。但沥青质内部分子结构极为复杂,通过沥青质分子结构模型来完全准确地刻画沥青质的分子结构是不可能的,因此,在满足研究所需模拟精度的基础上,合理选用沥青质分子构型是沥青分子组装法的关键。

目前,众多学者针对不同来源的沥青,提出了数十种沥青质分子模型。早在 1967 年,Dickie 等提出了沥青结构模型,即 Yen 模型,并对沥青质、胶质等进行了深入研究。使用较多的模型有 Rogel 模型、Storm 模型、Murgich 模型及其改进模型、Groenzin 模型、Takanohashi 模型与 Derek 模型,如图 5-1 所示。大部分构建的沥青质分子主要以多苯环并联为结构核心,苯环并联数量少则2 ~3 个,多则达到20 个,并以直链、支链、环状与其他原子(N、S 等)作为某些化学点位的取代基。

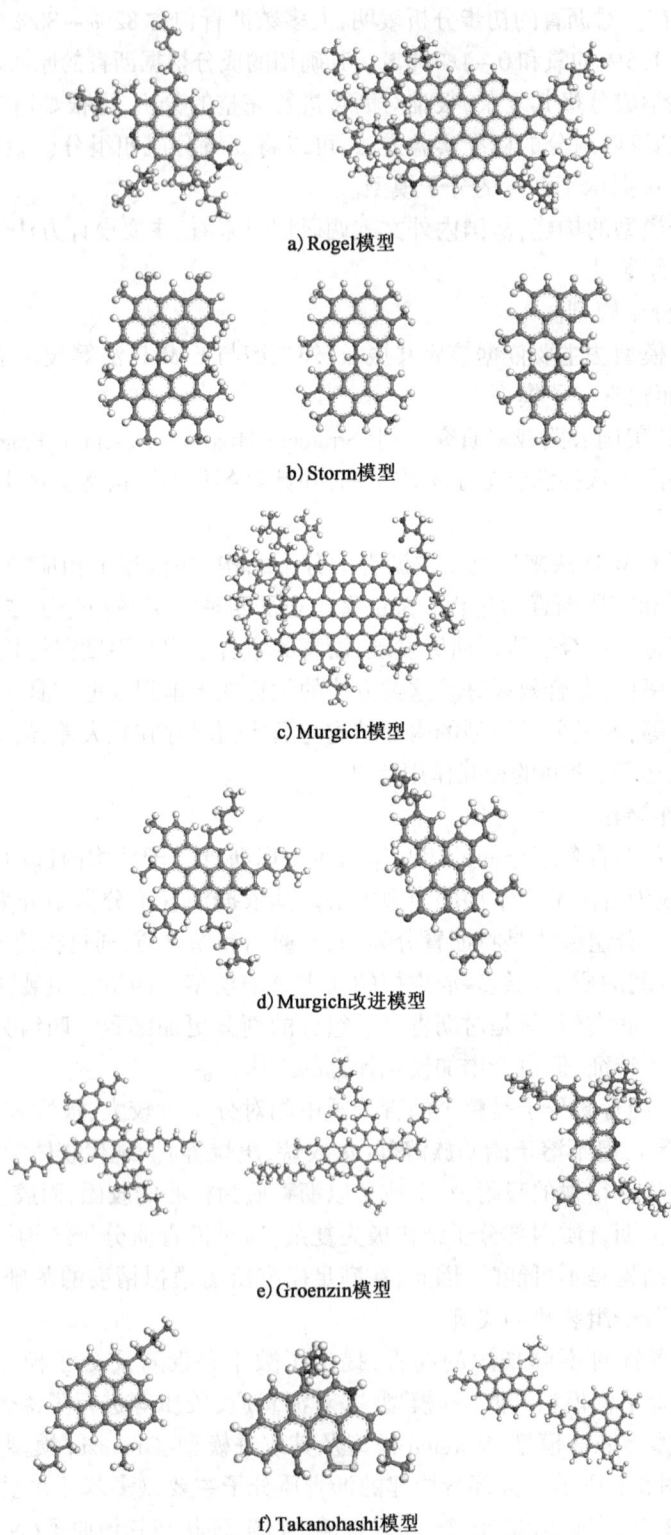

a) Rogel模型

b) Storm模型

c) Murgich模型

d) Murgich改进模型

e) Groenzin模型

f) Takanohashi模型

图 5-1

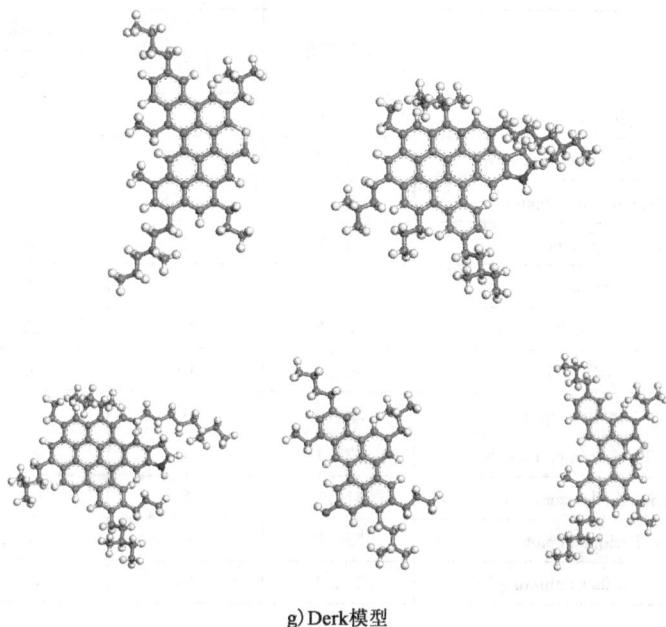

g）Derk模型

图 5-1 不同沥青组分模型

对于之前提出的众多沥青质分子模型，Li 等基于量子力学计算和密度泛函理论，提出部分沥青质模型存在"戊烷效应"，即沥青质模型虽然在模拟上具有可行性。但是在实际化学反应中，由于分子体系能量过高，难以稳定存在，并产生了非平面芳香环的现象，与真实实验结果不符。此后，Li 等以 Mullins 改进模型为基础，通过调整侧链点位，在保持原结构基本特性的基础上，降低分子体系能量，消除了能量畸点。"戊烷效应"问题的提出和解决使得虚拟模型的构建更加贴近真实环境，仿真模拟结果更加真实、可靠，成为后续模型构建和运用的重要原则，为后续组装沥青分子模型工作做好了铺垫。

张宗涛按照三组分组装法，以 Rogel 模型为沥青质代表分子，以 1,7 – 二甲基萘作为树脂代表分子，以二十二烷作为油分代表分子。类似地，丁勇杰以 Artok 模型、Groenzin 模型来组装沥青分子模型。

为了更好地表征沥青分子特性，也有不少研究者开始尝试进行四组分组装法。四组分组装法是目前最常用的研究沥青成分的方法。大量实验证明，沥青的宏观性质与沥青的四组分有着密不可分的关系。Li 和 Greenfied 提出了更加准确的 12 种分子去代表沥青中沥青质、饱和分、芳香分和胶质，通过改变各类分子数量比例表征 SHRP 计划中研究的 AAA-1、AAK-1、AAM-1 三种代表沥青（表 5-2）。其中，沥青质中的 Asphaltene-phenol、Asphaltene-pyrrole 与 As-phaltene-thiophene 分子结构分别含有一个羟基、吡咯官能团、噻吩官能团，由此引入了氧、氮、硫元素。饱和分中的 Squalane 与 Hopane 广泛存在于动植物和微生物中，现在已经证明石油与页岩油中该类物质的存在。

12 种分子沥青体系组成

表 5-2

组分	分子	摩尔质量	沥青体系		
			AAA-1	AAK-1	AAM-1
沥青质	Asphaltene-phenol	575.0	3	3	1
	Asphaltene-pyrrole	888.5	2	2	1
	Asphaltene-thiophene	707.2	3	3	1
饱和分	Squalane	422.9	4	2	1
	Hopane	483.0	4	2	1
芳香分	PHPN	464.8	11	10	20
	DOCHN	406.8	13	10	21
胶质	Quinolinohopane	554.0	4	4	10
	Thioisorenieratane	573.1	4	4	10
	Trimethylbenzeneoxane	414.8	5	4	10
	Pvridinohopane	530.9	4	4	10
	Benzobisbenzothiophene	290.4	15	12	4

（3）12 分子沥青模型

①沥青质是沥青中的极性组分,由芳香烃环,O、N、S 等杂原子和 V、Ni、Fe 等金属元素组成。其中,氮原子主要以吡啶环、吡咯环以及酰胺形式存在;氧原子主要以羧酸、酮、酯、醚等形式存在;硫原子主要以硫醚、亚砜、噻吩以及金属硫化物等的形式存在。在沥青模型中,由三种分子代表沥青质,如图 5-2 所示。

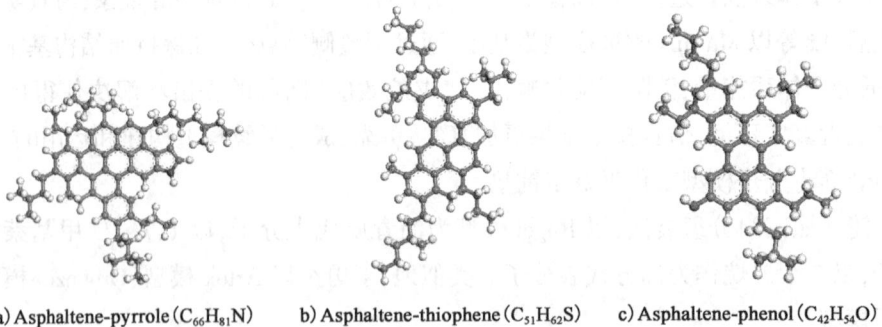

a) Asphaltene-pyrrole（$C_{66}H_{81}N$）　　b) Asphaltene-thiophene（$C_{51}H_{62}S$）　　c) Asphaltene-phenol（$C_{42}H_{54}O$）

图 5-2　沥青质

②胶质与沥青质在结构和化学成分方面相似,具有黏性,深棕色。胶质的分子结构较小,脂肪族侧链较长,在脂肪族溶剂中溶解度较高。其 C/H 比大约为 1.4,所含的芳环结构少于沥青质,环烷烃和烷烃多于沥青质。在构建沥青分子模型时,采用五种分子代表胶质,这五种分子模型如图 5-3 所示。

③芳香分是一种深棕色的黏稠状液体,由沥青中的环烷烃芳香化合物组成,在沥青中的含量为 40% ~60%,它是可以胶溶沥青质的分散介质。在构建沥青分子模型时,采用两种分子代表芳香分,其分子模型如图 5-4 所示。

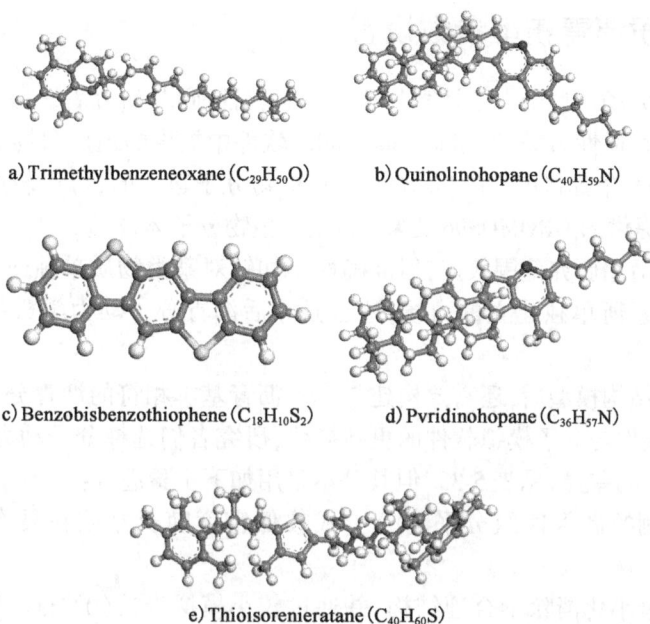

a) Trimethylbenzeneoxane ($C_{29}H_{50}O$)　　b) Quinolinohopane ($C_{40}H_{59}N$)

c) Benzobisbenzothiophene ($C_{18}H_{10}S_2$)　　d) Pvridinohopane ($C_{36}H_{57}N$)

e) Thioisorenieratane ($C_{40}H_{60}S$)

图5-3　胶质

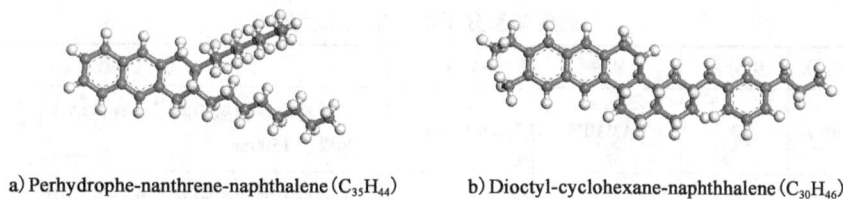

a) Perhydrophe-nanthrene-naphthalene ($C_{35}H_{44}$)　　b) Dioctyl-cyclohexane-naphthalene ($C_{30}H_{46}$)

图5-4　芳香分的分子模型

④饱和分是沥青中的非极性成分,由直链烃和支链烃组成,是一种稠状油类,在沥青中的含量为 5%～20%,它的温度敏感性较高。在构建沥青分子模型时,采用两种分子代表饱和分,其分子模型如图5-5所示。

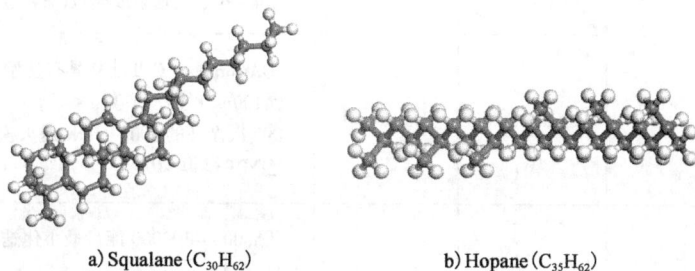

a) Squalane ($C_{30}H_{62}$)　　b) Hopane ($C_{35}H_{62}$)

图5-5　饱和分的分子模型

用12种分子按照一定比例组合成的沥青的密度与实际值非常接近,因此这种构建沥青分子模型的方法成了最常用的手段。

5.2.2　基质沥青模型参数设置

分子动力学的力场由量子力学计算与相关实验验证所得,研究者一般采用计算软件中与研究类型相匹配的普适性力场,如 Materials Studio 软件中提供的通用力场 Universal、Compass、Compass Ⅱ,LAMMPS 中提供的 OPLS-aa(基于有机物分子建立的,可以较好地模拟芳香烃体系),GROMACS 中提供的 GROMOS96 力场(适用于生物分子体系)。

普适性力场的适用研究范围较广,但准确性不如针对某类物质单独建立的力场。目前尚没有针对沥青类体系所单独建立的力场,这也是今后沥青分子动力学模拟的重点发展方向之一。

确定沥青分子结构模型后,还需要构建与真实沥青基本相符的沥青分子平衡体系。近几年来,随着计算机硬件与分子模拟软件的更新换代,研究者们选择分子动力学模拟的力场、时间步长、系综有一定的差异,见表5-3。但其基本采用如下步骤进行:

(1)将特定比例的沥青四组分平均分子式按低密度随机排放在具有周期性边界的盒子中。

(2)采用能量最小化消除不合理结构,并通过较小模拟步长(0.1fs)、较短模拟时间的正则系综进行检查。

(3)对周期性单元格加压,使其密度接近真实沥青密度,并对其合理性进行验证。

沥青体系分子动力学模拟参数　　　　　　　　　　　表 5-3

研究者	年份	组分数	软件	力场	模拟参数
Zhang	2007	3	LAMMPS	OPLS-aa	①蒙特卡罗模拟消除了非理性结构; ②模拟 1500ps
	2008	5	LAMMPS	OPLS-aa	①蒙特卡罗模拟消除了非理性结构; ②100ps 正则预平衡; ③2ns NPT 模拟(时间步长 0.5fs); ④8ns 正则模拟(时间步长 1fs)
Li	2014	12	LAMMPS	OPLS-aa	①30ps 正则模拟(时间步长 0.1fs); ②正则模拟直到模型稳定(时步 0.5fs); ③4~6ns 正则集成模拟(1fs)
Ding	2016	3	Materials Studio	Compass Ⅱ	①Amorphous Cell 建立具有初始密度的模型; ②100ps 正则预平衡; ③5 次循环的 300~500K 退火模拟; ④NPT 模拟 4100ps
Sun	2018	1	Materials Studio	Compass Ⅱ,Universal	①50000~100000 能量最小化迭代(初始设定密度为 0.1g/cm³); ②在 298.15K 和 1 个标准大气压下的 500ps 正则系综; ③在 418.15K 条件下进行 3000ps 正则系综剪切(剪切速率为 0.0001/ps)

研究者	年份	组分数	软件	力场	模拟参数
Xu	2017	12	Materials Studio	Compass II	①533.15K 和 0.1g/cm³ 的初始密度下正则模拟 300ps； ②533.15K NPT 模拟 500ps； ③能量最小化； ④533.15K 正则模拟 2ns
Wang	2017	15	Materials Studio	Compass	①能量最小化； ②淬火处理 200~500K，5 次循环； ③几何优化； ④体积压缩； ⑤298K 下正则模拟 0.5~1ns（时步 0.5fs）； ⑥298K，1 个标准大气压下 NPT 模拟 2~4ns（时步 0.5~1fs）
Xu	2015	12	LAMMPS	CVFF	①能量优化； ②298.15K 正则预平衡 5ps（时步 0.1fs）； ③298.15K，1 个标准大气压下 NPT 模拟 15ps（时步 0.3fs）； ④调整时步至 1ps，并重复上述参数模拟 1000ps
Yao	2016	3	LAMMPS	ACEF	①5000 次能量最小化迭代； ②298.15K 和 1 个标准大气压下 NPT 模拟 20ps； ③298.15K 和 100 个标准大气压下 NPT 模拟 200ps； ④使用上述参数最终模拟 500ps 达到稳定

5.2.3　热力学参数计算

(1)密度

在分子动力学模拟中,通常使用密度来验证模型系统。纯沥青模型的密度是在 1atm 压力下使用 NPT 集合计算的。图 5-6 显示了在 298.15K(25℃)下密度与分子动力学模拟时间的函数。当沥青模型通过大约 500ps 的模拟时,密度和单元长度的值似乎都是稳定的。为了确保沥青模型的密度统计数据稳定,进行了 ADF Augmented(Dickey-Fuller)单位根测试,以确定最后 500~1000ps 的密度值。结果显示计算的 ADF 统计数据(-10.59128)小于其临界值(1%水平, -3.443254),这意味着最后 500ps 的密度统计达到稳定。计算平均密度为 500~1000ps,作为沥青模型的最终密度。根据沥青模型的预测密度和实验密度值对比,考虑到这些值之间的微小差异,可以得出结论:298.15K 时的预测密度与实验结果非常一致。

(2)玻璃化转变温度

玻璃化转变温度(T_g)是指材料在低于该温度时表现出玻璃态(弹性)行为,在高于该温度时表现出黏性行为的温度。在材料科学中,它被定义为比体积-温度曲线斜率发生变化的温度。

玻璃化转变温度作为一个重要指标,对于评价沥青感温性有着重要意义。

①玻璃态。在玻璃态,沥青对外力的响应不及时,不能变形以降低沥青能量,容易发生脆性破坏。在玻璃态下对应的模量一般为 $10^9 \sim 10^{9.5}$ Pa。在玻璃态下,沥青分子内的各种高分子

链及链段的运动都处于冻结状态,只能在自己的固定位置做小幅度的振动。

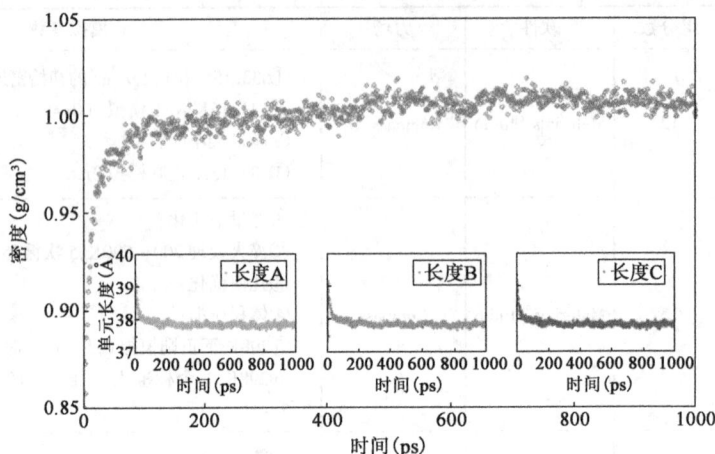

图 5-6　密度-时间关系曲线

②玻璃态转变。随着温度的升高,沥青分子链被激活,开始发生从玻璃态向橡胶态的转变,在力学性能上表现为模量的变小,分子链也开始活动。

③橡胶态(高弹态)。沥青内部各种高分子链及链段开始自由活动,模量也随之发生变化。由于玻璃态和橡胶态的分子链特点,结合玻璃态转化的变化分析,可以使用自由体积理论得出沥青的玻璃化转变温度。

有三种常用的理论方法用于通过分子动力学模拟估算 T_g,即性质温度法、能量温度法和 MSD 法。下面的示例采用了性质温度法。在不同温度(200~400K,温度步长 25K)下进行多个连续的 NPT($P=1\text{atm}$)动力学分析,以获得模型的比体积,然后根据比体积-温度曲线确定 T_g。

图 5-7 显示了沥青模型的比体积与温度的关系曲线。模型中的比体积随温度的升高而增大。存在一个区间区域,其中比体积和温度曲线的斜率发生显著变化。根据玻璃化转变温度的定义,确定玻璃化转变温度的程序,通过对数据点的目视检查,对相交位置进行第一次粗略估计。然后,将这些点分为两部分,分别对应下方区域(玻璃状)和上方区域。通过线性回归将该估计值和每组数据拟合成一条直线。

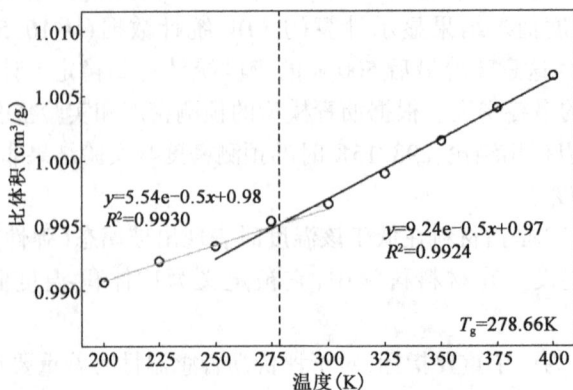

图 5-7　沥青模型比体积与温度的关系曲线

注意:玻璃化转变温度不是一个特定点,而是一个温度范围。由图 5-7 可以看出,这些点被分成两个部分,并带有一些交点,而不是两个孤立的部分。由这两条线的交点得出最终值。

(3)内聚能密度和溶解度参数

内聚能密度(CED)是单位体积内每摩尔分子之间完全分离直到没有相互作用所需的能量。在 MD 模拟中,内聚能密度定义为将一摩尔材料中所有分子间作用力减至零所需的能量,内聚能密度对应于单位体积的内聚能。因此,内聚能密度是材料评估系统中分子间相互作用力的一个重要参数。内聚能密度还可以反映功能组之间的相互作用。因此,与材料相互作用有关的所有性质,如溶解度、相容性和黏度等,其本质上都与内聚能有关。溶解度参数(δ)由内聚能密度的平方根给出,也提供了一种评估材料中发生的相互作用的程度的方法。由于分子动力学模拟中的分子间相互作用是范德华和静电相互作用,δ 可以用这两种相互作用表示,如式(5-1)所示。

$$\begin{cases} \delta = \sqrt{\text{CED}} = \sqrt{\dfrac{E_{\text{inter}}}{V}} \\ \delta = \sqrt{\delta_{\text{vdw}}^2 + \delta_{\text{ele}}^2} \end{cases} \tag{5-1}$$

为了验证基质沥青模型,根据上式计算内聚能密度和溶解度参数,计算结果见表 5-4。表 5-4 中的数据与其他研究人员的相关模拟或实验结果良好吻合。因此,基于 COMPASS Ⅱ 力场的沥青模型与真实沥青性质基本相同,可作为合理的沥青模型进行深层次研究。

基质沥青热力学参数的模拟与实验结果　　　　　　　　表 5-4

性能指标	模拟结果	实验结果
密度(g/cm³)	1.007	1.01～1.04(Lesueur),0.997(Khabaz et al),1.003(Xu 和 Wang)
玻璃转化温度(K)	278.66	248.56K(Usmani 1997),298.15～358.15K(Zhang 和 Greenfield),300K(Sims 2016)
内聚能密度(10^8 J/m³)	3.31	3.32(Xu and Wang)
溶解度参数[(J/cm³)^{1/2}]	18.19	N/A

(4)黏度

流体黏度用来衡量流体对剪切或拉伸应力引起的变形的抵抗力。沥青黏度是一项重要的工程性质,因为热拌沥青(HMA)施工与拌和温度密切相关。沥青良好的黏度有助于其在输送、工厂拌和、摊铺等方面的应用。本节采用以下两种模拟方法评价沥青结合料的黏度。

①Green-Kubo 法

在 Green 和 Kubo 的一系列研究中发现,剪切黏度与热平衡中张量的相关函数有关,并且这种方法被许多研究者在 MD 模拟中广泛使用。为了通过分子动力学模拟计算沥青黏度,剪切应力自相关函数和相应的格林-库伯方程如下:

$$C_{\text{p}}(t) = \frac{1}{3} \sum_{ab} < P_{ab}(0) P_{ab}(t) > \tag{5-2}$$

$$\eta = \frac{V}{K_B T} \int_0^\infty C_p(t) \, dt \tag{5-3}$$

式中：P——原子应力张量；

ab——xy、yz 和 xz 中的非对角线应力元素；

< >——执行了整体平均；

T——模拟温度；

V——模拟系统的体积；

K_B——玻尔兹曼常数。

Green-Kubo 法计算 533.15K 时沥青模型黏度，作时间的积分函数。归一化应力自相关函数随时间的变化结果如图 5-8 所示，用 Green-Kubo 法测定沥青模型在 533.15K 下的黏度估算结果如图 5-9 所示。

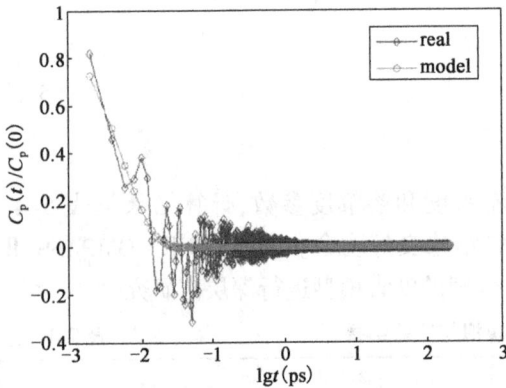

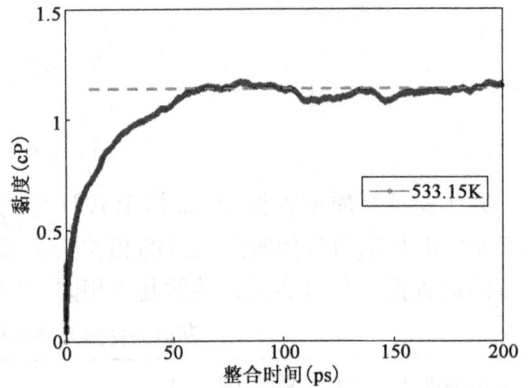

图 5-8　归一化应力自相关函数随时间的变化结果　　图 5-9　用 Green-Kubo 法测定沥青模型在 533.15K 下的黏度估算结果

在图 5-8 中，应力自相关函数在 xy、yz 和 xz 方向上取平均值，并完全衰减。松弛过程用非指数函数量化，并给出拟合结果。使用 533.15K 的较高温度，以便在较短的时间内获得黏度估算结果。利用拟合函数并与时间积分得到黏度估算结果。计算估计黏度结果约为 1.24cP（1cP = 0.001Pa·s），如图 5-9 所示。沥青模型的黏度估算结果与 Greenfield 之前的研究结果（533.15K 时为 2.2cP）一致。使用相同的方法，比较 AAA-1 沥青在不同温度下的黏度，以及包含不同化学成分的沥青模型，如 AAK 和 AAM 沥青模型，其黏度估算结果如图 5-10 所示。

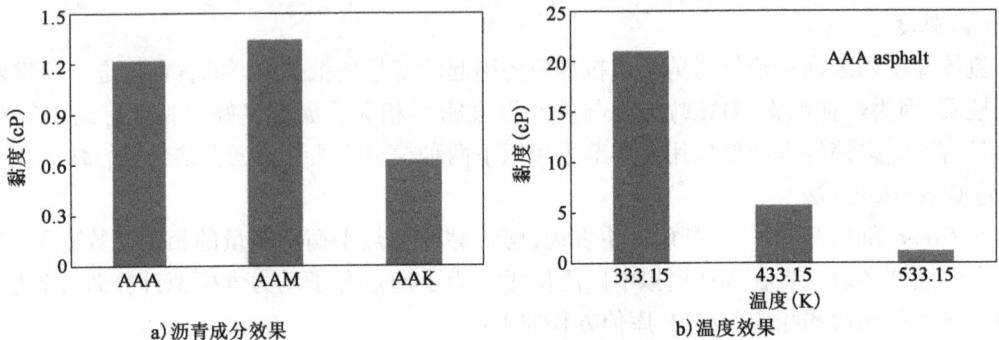

a) 沥青成分效果　　　　　　　　　b) 温度效果

图 5-10　用 Green-Kubo 法比较沥青黏度

从图 5-10 可以看出,沥青的黏度随其化学成分变化,并且都在合理的黏度值范围内。这与从不同原油获得的沥青显示不同黏弹性的事实是一致的。此外,图 5-10 所示的温度-黏度关系结果与"沥青是一种温度敏感材料"的事实吻合,其黏度随温度的降低而增加。然而,目前的黏度估算有不确定性,这是因为分子在低温下很难完全松弛,大分子(如沥青质分子)尤其如此,因此需要更长的模拟时间来确保分子完全松弛。这表明在低温下,特别是在 333.15K 的低温下,我们观察到的沥青黏度值与实验值相差甚远。如果由具有较高运算能力的计算机进行较长时间的模拟,将改善低温下的黏度模拟结果。

②Muller-Plathe 法

与 Green-Kubo 法不同,Muller-Plathe 法是一种计算剪切黏度的非平衡方法。此外,作为一种反向非平衡分子动力学(rNEMD)方法,Muller-Plathe 法与施加剪切速度并测量应力响应的常规非平衡分子动力学(NEMD)模拟,结果是相反的。Muller-Plathe 法的优势在于以下两点:①通量很难在微观上定义或缓慢收敛;②该方法可用于分子动力学模拟中的微正则系综,不使用恒温器,且总能量和线性动量守恒。具体地说,Muller-Plathe 法在系统上施加动量通量,然后在选定的时间步长上记录剪切速度,计算过程遵循如下方程:

$$j_z(p_x) = -\eta \frac{\partial_{vx}}{\partial_z} \tag{5-4}$$

$$j_z(p_x) = -\frac{P_x}{2tA} \tag{5-5}$$

式中:η——剪切黏度;

$j_z(p_x)$——动量通量(x 动量在 z 方向流动);

$\frac{\partial_{vx}}{\partial_z}$——相对于 xz 方向的剪切速率;

A——盒子面积。

图 5-11 中显示了 533.15K 温度下的黏度。从图 5-11a)中可以发现,当将目标温度设置为 533.15K 时,模拟过程中的温度会波动。在生成结果之前,系统在 NPT 和正则系综中分别平衡了 5ns。温度先下降到 520K 后再上升到 550K,但大部分时间保持在(533.15±5)K,这是一种在分子模拟中经常观察到的正常现象。如图 5-11b)所示,观察到黏度在最初的 500ps 产生波动,然后平稳在一个数量值。考虑到在多维模拟中使用的模拟系统的大小,这是可以接受的。AAA-1 沥青的黏度估算结果平均值为 15.1cP,大于 Green-Kubo 法(1.2cP)。计算得到的黏度与 Yao 在 443.15K 时采用四组分沥青模型和 Amber 力场的研究结果(54.16cP)一致。然而,在此高温下,无法获得 AAA-1 沥青的实验值。在 408.15K 温度下,黏度值是 283cP。

图 5-12 给出了 AAA、AAM 和 AAK 沥青的 Muller-Plathe 法测定的黏度估算结果。所有的模拟和计算过程都是相同的,这里不再重复。与 Green-Kubo 黏度结果相比,可以观察到两种计算方法计算得到不同的黏度值和变化趋势。具体而言,AAM 沥青显示出最高的黏度值,而 AAK 显示出最低的黏度值。Muller-Plathe 法预测的黏度高于 Green-Kubo 法。需要注意的是,作为一种非平衡分子动力学模拟方法,黏度计算所需的模拟时间可能没有平衡分子动力学模拟(如 Green-Kubo 方法)所需的时间长。

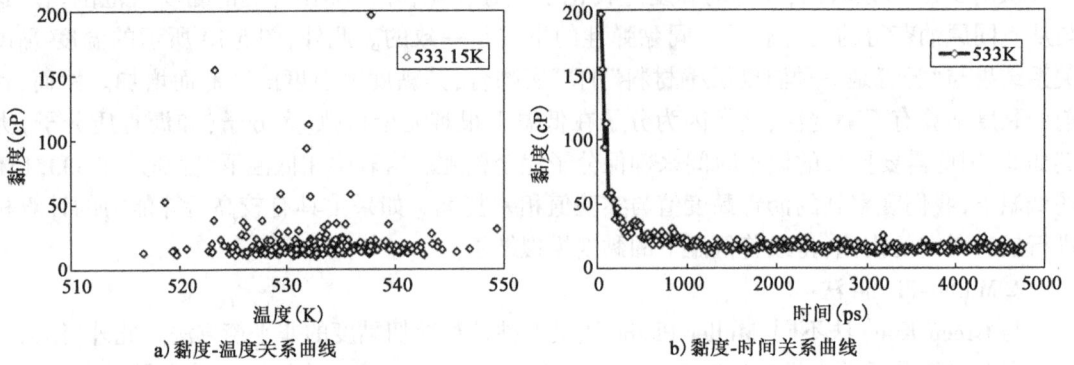

a) 黏度-温度关系曲线　　　　　　　　b) 黏度-时间关系曲线

图 5-11　采用 Muller-Plathe 法测定 AAA-1 沥青模型在 533.15K 下的黏度

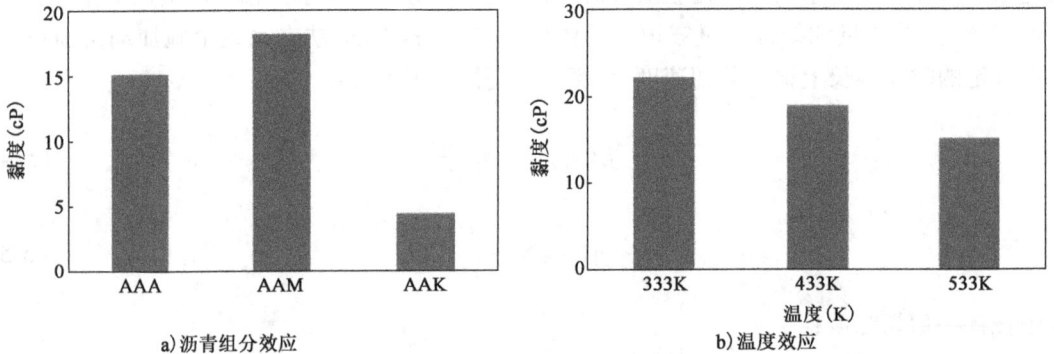

a) 沥青组分效应　　　　　　　　b) 温度效应

图 5-12　Muller-Plathe 法测定的沥青模型黏度

5.3 老化沥青

5.3.1 沥青老化机理

沥青路面的老化过程分为短期老化和长期老化两个阶段。在沥青混合料生产和摊铺过程中,沥青受到热量和空气的作用会发生短期老化,这主要是由于高温下挥发性组分的氧化和损失。沥青的长期老化发生在道路路面的使用过程中,主要是渐进氧化。因此,研究沥青老化效应对于提高沥青路面耐久性,延长其使用寿命具有重要意义。

一种最常见的沥青老化机制是氧化老化,其中氧气与沥青的活性成分反应,改变了其物理和机械性能。氧化产物的形成改变了沥青的化学成分,并导致整体硬度和脆性的增大。虽然沥青硬化有利于提高路面的抗车辙能力,但老化会加速路面损坏。沥青化学与沥青的热力学性质和性能特征密切相关。沥青老化本质上是由原子到分子尺度的沥青化学变化引起的现象。分子动力学模拟已被证明是材料设计的一种强有力的计算方法,因为它具有在分子水平上预测材料性质的多个方面的固有优势。这使得运用分子动力学模拟研究沥青老化效应具有重要意义。

沥青老化主要表现为软化点升高,针入度下降,黏度随着老化时间延长而增大。沥青在拌和施工阶段主要发生短期老化。其中,最主要的一个阶段就是拌和过程,针入度降低可达80%。摊铺过程中处于高温状态的沥青薄膜进一步发生老化;热氧反应过程中轻质组分不断挥发与吸收,分子结构发生触变,使得沥青变硬变脆,黏结性下降,产生裂纹。

沥青老化是一个自氧化的缓慢过程。沥青老化前后分子中羰基官能团红外光谱吸收峰显著变化,随着老化温度的增高,这一变化越发明显。然而,亚砜基能团的吸收峰却并没有明显变化。同时,高分子量组分含量在沥青老化过程中增加,增大了分散度,说明沥青分子间存在极性官能团之间的缔合作用。稠和芳环和少量断侧链是沥青分子的主要组成成分,分子中含有的不饱和双键在老化之后就会消失。沥青抗老化性不良主要是由于沥青分子中有较多的活性基团和易被氧化的双键。

(1)沥青热氧老化

沥青热氧老化是沥青老化主要原因之一,即沥青与氧发生反应生成含氧基团。沥青自氧化的过程与温度是紧密相关的。随着温度的升高沥青吸氧量也上升,在不同氧分压条件下,氧分压较高则吸氧量也相应增多。通过吸氧量可以直观地判断沥青抗老化性的优劣,吸氧量越大,抗老化性越差。根据沥青吸氧动力学模型,沥青吸氧过程的控制因素是氧在沥青中的扩散速度,即沥青老化与其本身的黏度有很大关系。氧气要与沥青反应,首先必须在沥青中溶解扩散,之后才能够进行反应,因此反应中必不可少的步骤就是扩散。这个过程可以用动力学一级反应进行描述,能够很好地表示沥青的吸氧过程。而热老化主要是指沥青中轻质油分受热挥发,破坏沥青的结构硬化,改变沥青结构链接,导致沥青变质。

(2)沥青光氧老化

沥青光氧老化是指沥青路面在太阳紫外辐射和氧气的双重作用下发生的老化现象,这会劣化沥青路用性能、缩短使用寿命,在强紫外线辐射地区这种破坏作用更为显著。光氧老化之后沥青组分向大分子量方向转化,其中针入度和延度减小,软化点、黏度增大。沥青材料主要是由碳、氢、氧、氮等元素组成大分子有机物。这些有机物之间需要一定的键能,键能越高越稳定。沥青材料的破坏其实就是大分子结构破坏,主要有 C—H、C—C、C—C 键,其中绝大多数聚合物分子键能与 $290 \sim 400 \text{mm}$ 波长范围的光能相当,因此容易产生破坏。紫外线射入沥青的深度只有 0.1mm 数量级,但是,考虑到老化后沥青分子会向内扩散,紫外线对沥青老化的影响也只发生在沥青表面 1mm 处。但是,沥青路面存在空隙,强紫外线对沥青面层的影响可以达到一个最大粒径的范围,即 1cm 左右。经紫外线老化之后,沥青质略微上升,饱和分无明显变化,芳香分略有降低,胶质略有波动,但随着老化时间的延长,这四个组分的变化并不明显,说明这种老化只会发生在表面很薄的一层。沥青在使用过程中还会受到光氧老化变得脆硬,其低温性能、疲劳性能和耐久性能受到影响,容易产生裂纹,与集料黏附性下降。这时雨水渗入路面结构层发生脱落现象,造成对道路的进一步破坏,急剧缩短了沥青路面的使用寿命。

5.3.2　老化沥青模型

沥青是一种复杂的化学混合物,很难准确地获得其化学成分的详细信息。因此,根据它们相似的极性和分子特征,通过现代分离技术,沥青被分成不同的部分。在分子水平上,沥青是各种碳氢化合物与杂原子(如氮、硫、氧等)和金属的混合物。已有研究发现,沥青材料在氧化老化过程中表现出相似的动力学,通常包括两个阶段:第一个阶段是最初的快速反应期;第二个阶段是较慢的反应期,反应速率几乎不变。在这两个反应阶段,碳氢化合物的化学反应是完全不同的。在快速氧化喷射过程中,亚砜是主要的氧化物质;而对于较慢的反应周期,酮是主要产物。研究发现,酮与亚砜的形成比率取决于氧浓度(压力)、温度和硫含量。

为了研究沥青氧化老化的机理,研究者进行了大量的实验研究。沥青中的某些类型的碳和硫化合物容易氧化。酮和亚砜被认为是氧化后形成的主要官能团。例如,苄基碳是第一个键合到芳环上的碳,是一个容易氧化的位点。当氧取代连接在苄基碳原子上的氢原子时,就形成了酮。因此,酮和亚砜的官能团被添加到原始沥青分子模型的可能氧化位置,代表沥青中的老化效应。老化后的沥青分子结构如图 5-13 所示。

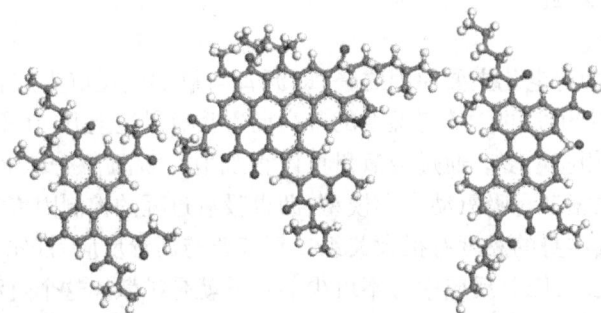

a)老化后的沥青质

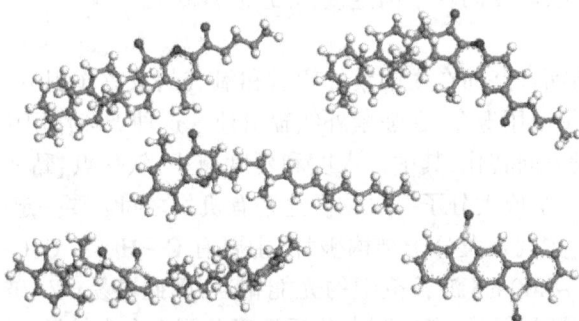

b)老化后的胶质

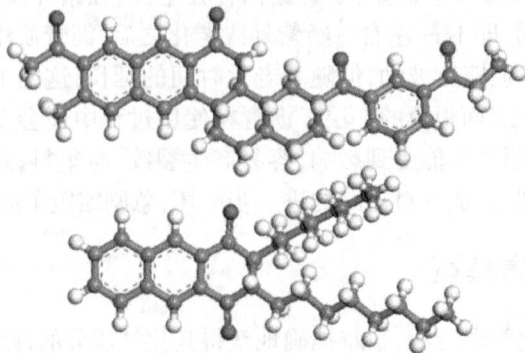

c)老化后的芳香分

图 5-13

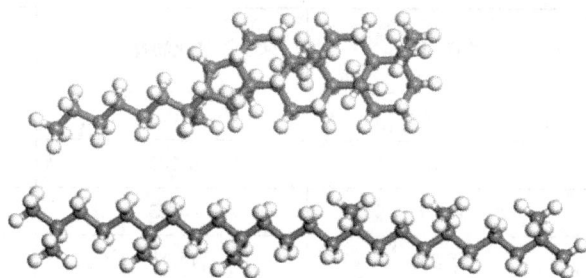

d)饱和分(老化前后结构相同)

图5-13　老化后的沥青分子结构

沥青是一种胶体结构。沥青质分散在树脂、芳香族化合物和饱和物的混合物之中。在沥青氧化老化前后,假定饱和分模型是相同的,选择各沥青组分的质量分数来确定各分子的数量,最接近真实的沥青分子体系。

图5-14为通过分子动力学建模获得的原样和老化沥青的四组分(沥青质、饱和分、芳香分和胶质)12分子沥青模型的结构。模型结构是在模拟后从原子轨迹的最后一帧提取的,这可能是最稳定的沥青结构。从图5-14可以看出,在原样沥青系统和老化沥青系统中,沥青质分子(绿色)都在分散介质中被稀释,它们有形成纳米聚集结构的趋势,但无法形成连续的网状骨架。这种类型的结构也称为沥青溶胶-凝胶结构,大多数铺路沥青黏结剂都属于这种结构。每个沥青分子模型由8个饱和分、24个芳香分、32个胶质和8个沥青质分子组成,并满足表5-5中沥青各组分的质量分数。

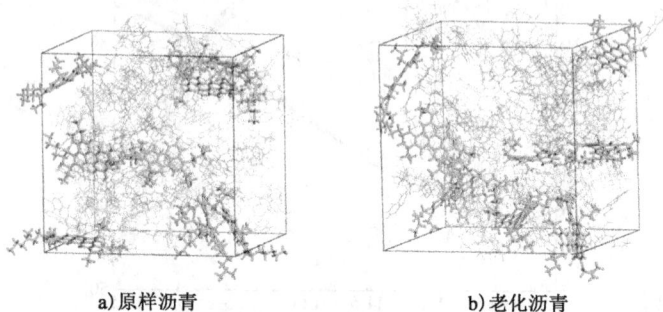

a)原样沥青　　　　　　　　b)老化沥青

图5-14　老化前后的沥青模拟单元

沥青组分的组成信息　　　　　　　　　　　　　　　表5-5

沥青样本	沥青质(%)	胶质(%)	芳香分(%)	饱和分(%)	原子数量(个)
原样沥青	16.5	38.1	30.6	10.7	5572
老化沥青	17.7	39.6	32.4	10.3	5472

除了酮和亚砜,其他极性基团(如羧酸类和酚类)也可能是沥青老化过程中产生的重要羰基产物,应予以考虑。表5-6计算并总结了原样沥青和老化沥青的热力学性质,包括密度、自由能、黏度和内聚能密度。

分子动力学模拟计算原样沥青和老化沥青的性能数据　　　　　　　表5-6

热力学性质	原样沥青	老化沥青	实验值 （应该是共同的范围）
密度（298.15K）	1.003	1.061	1.01-1.04
密度（533.15K）	0.867	0.943	—
自由能	50.47	44.23	13-47.6
黏度（Muller-Plathe）	15.10	15.89	
黏度（Green-Kubo）	1.24	2.56	2.2
内聚能密度	3.32	3.59	—

（1）老化沥青模型流变性能

原样沥青和老化沥青之间的流变响应差异可以通过不同的主曲线来证明，如图5-15所示。通过主曲线可以发现，原样沥青和老化沥青的相位角主曲线在88°的低频下呈现出一个平稳区域。这样的平稳区域表明频率独立性的范围很大，这些材料在中等频率水平和温度下表现出的弹性很小。老化沥青结合料表现出与原样沥青相似的G^*变化趋势，同时与原样结合料相比，刚度也有所增加。氧化效应可归因于老化沥青结合料的G^*增加，表明老化对沥青结合料有一定的硬化作用。需要注意的是，硬化效应可以提高沥青在高温下的抗车辙能力；然而，它可能对沥青的低温性能产生不利影响。根据相位角主曲线，老化沥青在低温下表现为硬弹性，而在高温下表现为软黏性。

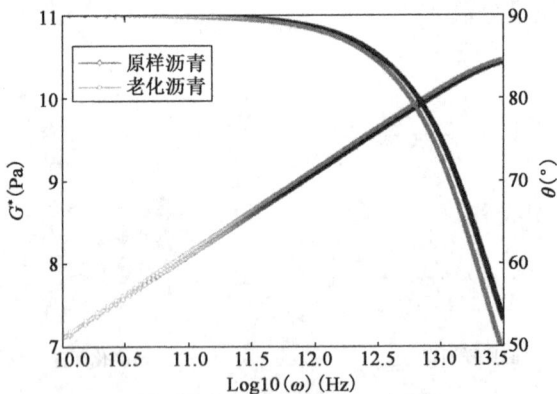

图5-15　老化对AAA-1沥青流变性能的影响

（2）老化沥青模型的径向分布函数

本示例通过径向分布函数进一步表征沥青因老化作用而发生的分子结构变化。径向分布函数也称为对分布函数或配位数函数，是描述在物质中，一个粒子周围其他粒子分布情况的统计量。它是研究物质结构，特别是在液体和非晶态物质中原子或分子排列方式的重要工具。径向分布函数通常用符号$g(r)$表示，其中r是距离。$g(r)$描述的是在距离一个参考粒子中心r处，找到另一个粒子的概率密度与该距离处平均粒子密度之比。如果$g(r)$的值为1，则表示该距离处的粒子密度与平均密度相同；如果$g(r)$大于1，则表示该距离处的粒子密度高于平均密度，即粒子倾向于聚集；如果$g(r)$小于1，则表示该距离处的粒子密度低于平均密度，即粒子倾向于排斥。在这项研究中,分子之间的距离是根据每个分子的质心计算的。在正则系综下进行了 2ns 的分子动力学模拟用于径向分布函数分析。图 5-16 比较了原样沥青和老化沥青在 298.15K 时的沥青质-沥青质、沥青质-胶质、沥青质-芳香分和沥青质-饱和分的径向分布函数。

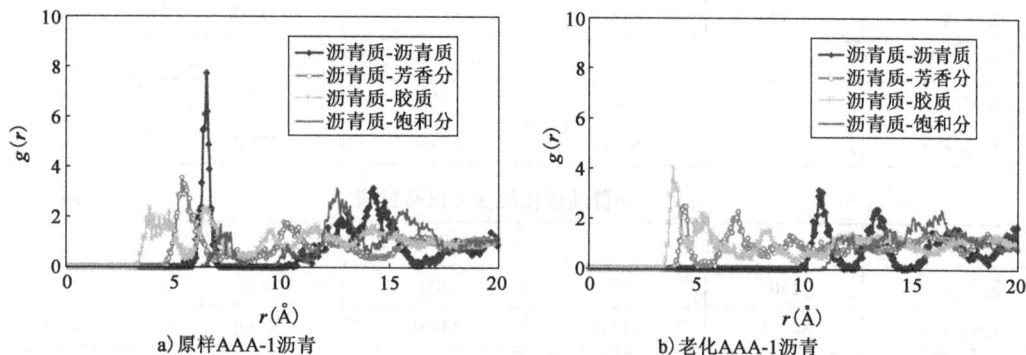

图 5-16　AAA-1 沥青模型的径向分布函数

从图 5-16 可以看出,原样沥青的沥青质-沥青质的径向分布函数在 6 ~ 7Å 范围内显示出第一个峰;而在老化沥青系统中,沥青质-沥青质的径向分布函数的第一峰被移动到 10 ~ 11Å 处,同时峰值降低。这表明老化削弱了沥青质的聚集,老化的沥青质分子可能处于非定向构象,而不是形成层状结构。

沥青质-胶质和沥青质-芳香分对之间的径向分布函数还可以表明原样沥青和老化沥青中的分层结构。这可能是因为胶质和芳香分中的芳香环结构与沥青质分子中的芳香环形成 π-π 堆积。相对于沥青质-沥青质、沥青质-胶质和沥青质-芳香分对的第一个峰位置移动了较短的距离。这是因为胶质和芳香分分子是较小的分子,并且充当沥青结构中的分散介质,因此它们几乎位于沥青质-沥青质相互作用结构的内部或周围。

此外,还可以发现,老化作用影响胶质和芳香分与沥青质之间的排列方式。这可以从老化前后沥青质-胶质对和沥青质-芳香分对中 $g(r)$ 高度的变化和 $g(r)$ 峰值出现的位置观察得到。这是因为由于氧原子的加入,老化沥青模型中形成酮和亚砜官能团,这些分子逐渐远离沥青质分子。

从图 5-16 中沥青质-饱和分对的峰值相对较低来推断,饱和分与沥青质高度不相容。这可能是由于饱和分的非极性性质导致饱和分和沥青质之间的相互作用较弱。

(3)老化沥青模型的玻璃化转变温度

自由体积理论认为,固体和液体中的体积由两部分组成:第一部分为自由体积,第二部分为占有体积。通过这两部分体积来阐述液体温度和黏度的关系。

在一定温度 T 下,WLF 方程式如下:

$$\lg \frac{\eta(T)}{\eta(T_g)} = \frac{17.44(T - T_g)}{51.6 + (T + T_g)} \tag{5-6}$$

式中:$\eta(T)$、$\eta(T_g)$——在温度 T 和 T_g 时沥青的黏度,该公式仅在 $T_g < T < T_g + 100℃$ 范围内有效。

本示例计算了 10 个温度下基质沥青与老化沥青的自由体积,以此来拟合两种沥青的玻璃化转变温度。两种沥青的玻璃化转变温度拟合方程及数据见表5-7、表5-8。

基质沥青玻璃化转变温度数据表　　表5-7

拟合方程	$y_1 = 13.416x + 52488.2$				
温度（K）	150	175	200	225	250
体积（Å³）	54499	54838	55170	55510	55840
拟合方程	$y_2 = 20.948x + 50530.5$				
温度（K）	275	300	325	350	375
体积（Å³）	56290	56818	57335	57865	58385

老化沥青玻璃化转变温度数据表　　表5-8

拟合方程	$y_1 = 15.008x + 51898.9$				
温度（K）	150	175	200	225	250
体积（Å³）	54141	54536	54891	55296	55637
拟合方程	$y_2 = 22.952x + 49795.7$				
温度（K）	275	300	325	350	375
体积（Å³）	56119	56670	57238	57846	58400

两种沥青的玻璃化转变温度拟合曲线如图5-17、图5-18所示。利用差示量热扫描实验来测量沥青的玻璃化转变温度测量值与模拟值，见表5-9。

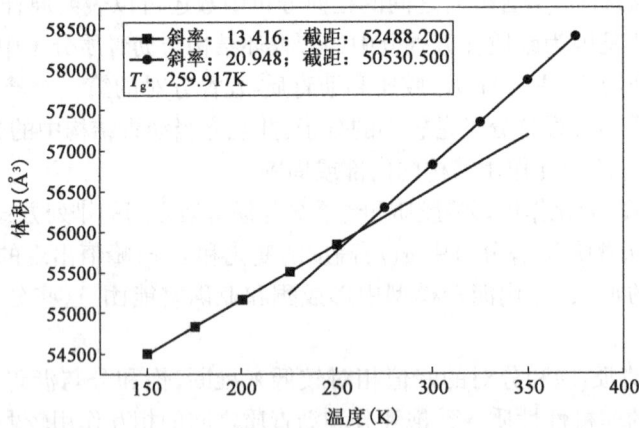

图5-17　基质沥青玻璃化转变温度拟合图

两种沥青的玻璃化转变温度模拟测算值和实测值　　表5-9

沥青样本	T_g 模拟测算值（℃）	T_g 实测值（℃）
基质沥青	−13.3	−12.8
老化沥青	−8.4	−8.9

注：T_g 为玻璃化转变温度。

由表5-9可以看出，老化沥青比基质沥青的玻璃化转变温度测算值低了3.9℃，由此可知，老化是影响沥青低温工作性能的一个重要因素。基质沥青老化后油分变少，沥青分子中的短链和小分子结构减少，因此温度下降过程中，沥青分子内部高分子链对于整个体系的活动起决定性作用,会使得沥青率先进入玻璃态,从而使得沥青的低温性能变差。利用差示量热扫描仪测出的三种沥青的玻璃化转变温度测算值与分子模拟计算得出的玻璃化转变温度测算值基本一致,说明利用自由体积理论结合分子模拟方法计算得出的沥青玻璃化转变温度的方法是可行的,同时说明示例所建立的沥青模型在性质方面是合理的。

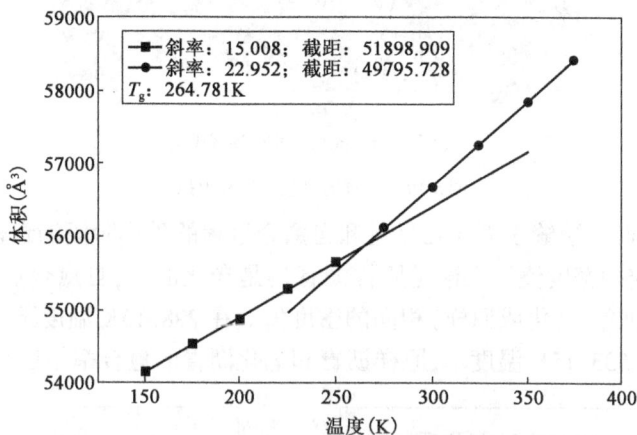

图5-18 老化沥青玻璃化转变温度拟合图

5.3.3 老化对沥青自愈性能的影响

在道路应用中,环境因素会缩短沥青黏合剂的使用寿命。然而,沥青在高于一定温度阈值时可以自愈合。现象学上,自愈合可被视为材料内部和(或)界面附近形成的微裂纹消失的过程。热力学上,自愈合可被认为是表面重排和分子扩散的随机化连续过程。

在模拟单元中放置两个原样沥青模型,并在它们之间添加一个10Å的真空区,代表一个人工裂缝,如图5-19a)所示。创建具有真空区的双层模型是因为愈合发生在裂缝界面上,因此可以通过两个沥青层之间的扩散来模拟自愈合过程。老化沥青也构建相同的模型。在1atm的NPT系综下进行了300ps的分子动力学模拟。在此过程中,观察到两端的沥青分子彼此相向移动,表现出内在的自愈合潜力。在NPT模拟结束时,沥青分子完全重新排列在裂缝上,并达到平衡,如图5-19b)所示。然后在特定温度下,对沥青模型进行150ps的正则系综的动力学计算,模拟自愈合裂纹表面的分子扩散。

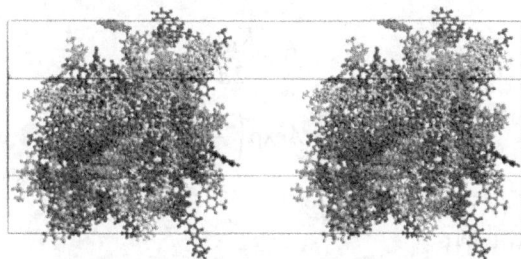

a)自愈合前具有裂纹的老化沥青双层模型

图 5-19

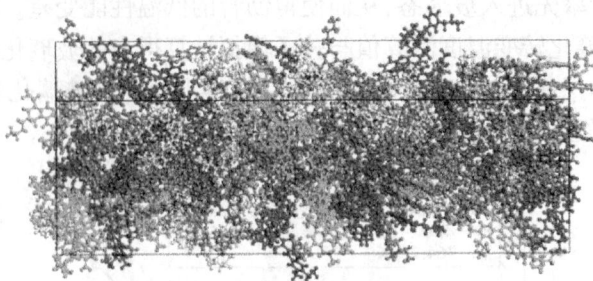

b) 自愈合后裂纹重排的沥青模型

图 5-19　沥青的自愈合过程模拟

图 5-20 显示了两个裂缝表面相互靠近和自愈合过程的重排阶段沥青密度的演变过程,模拟 300ps 以达到稳定的密度值。无论是原样沥青还是老化沥青,自愈合后沥青的密度都能恢复到与未产生裂缝沥青(老化或原样)相同的密度值。在 298.15K 温度下,原样沥青的愈合率高于老化沥青,而在 533.15K 温度下,原样沥青和老化沥青的愈合率相近。

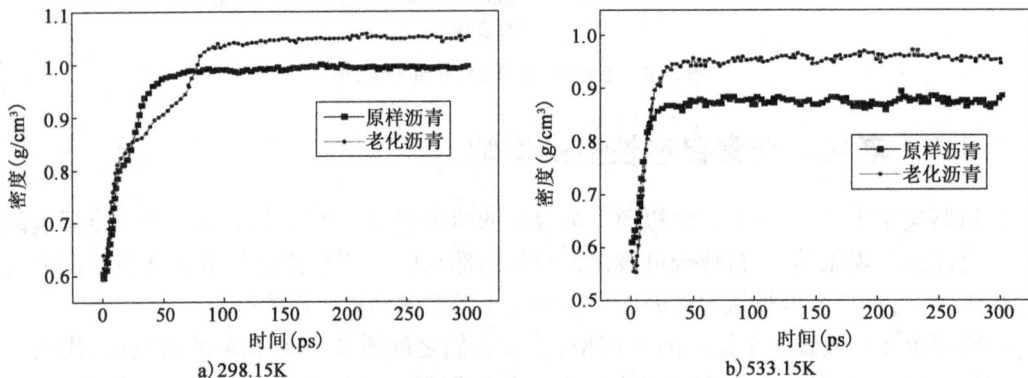

a) 298.15K

b) 533.15K

图 5-20　老化前后沥青密度随模拟时间的变化曲线

在裂缝表面自愈合之后,自愈合的润湿阶段可以通过接近表面的分子扩散来研究。扩散是材料颗粒从高浓度区域移动到低浓度区域的过程。颗粒的扩散系数与 MSD 相关,如式(5-7)所示。使用 Arrhenius Lave 研究扩散系数和温度之间的关系,如式(5-8)所示。Arrhenius 方程最早研究化学反应速率的温度依赖性,它可以作为一种经验关系来模拟许多过程和反应中扩散系数随温度的变化。

$$D = \frac{K_{\mathrm{MSD}}}{2d} \tag{5-7}$$

$$D = A\exp\left(-\frac{E_{\mathrm{a}}}{RT}\right) \tag{5-8}$$

式中:D——扩散系数,$\mathrm{m^2/s}$;

　　d——系统维度,无量纲;

　K_{MSD}——MSD 曲线随时间的斜率,其单位取决于系统维度,$d=3$ 时,为 $\mathrm{m^2/s}$;

　　A——指前因子,$\mathrm{m^2/s}$;

　　E_{a}——活化能,$\mathrm{J/mol}$;

T——温度,K;

R——通用气体常数,取 8.314J/(mol·K)。

通过指前因子和活化能评估原样沥青和老化沥青自愈合能力的影响。基于 Arrhenius 方程的定义,活化能可以被认为是自愈合过程初始化所需的能量,而指前因子表明裂纹界面润湿和瞬时应力增加而导致的瞬时愈合。图 5-21 显示了原样沥青和老化沥青的扩散系数与温度的关系,横轴的温度分别为 298.15K、358.15K、408.15K、453.15K 和 533.15K。

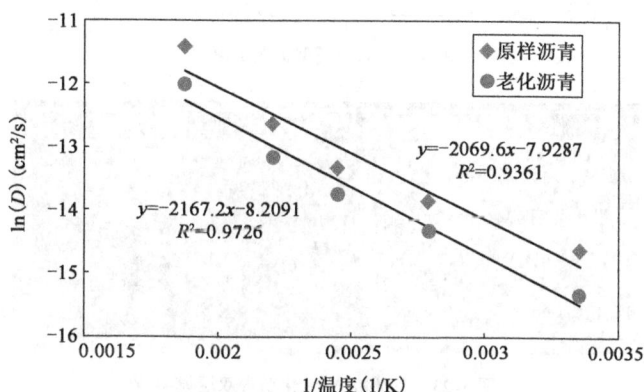

图 5-21　原样和老化沥青的扩散系数与温度的关系

如图 5-21 所示,原样沥青和老化沥青扩散系数都随着温度的增加而增加。原样沥青的活化能量为 17.20kJ/mol,比老化沥青(18.02kJ/mol)略低。此外,原样沥青的指前因子为 $3.60 \times 10^{-4} cm^2/s$,大于老化沥青的 $2.72 \times 10^{-4} cm^2/s$。由此得出,与老化沥青相比,原样沥青自愈合时需要较少的活化能量,因此具有更强的瞬时愈合能力。该发现与实验结果一致。因此,原样沥青和老化沥青之间的愈合能力差异取决于引入沥青模型的氧化水平。

5.3.4　新老沥青混溶

由于沥青分子结构的复杂性,较难通过宏观实验对新老沥青混溶过程中的内部分子变化进行研究。分子动力学模拟能够清晰地观测到新老沥青的扩散行为及混溶过程,从分子尺度构建新老沥青模型并量化扩散程度,相比其他研究方法更加直观有效。进行分子动力学模拟的新老沥青混溶问题研究,对于探索新老沥青混合物扩散机理、评价其再生性能等都具有重要的研究意义。

(1)新老沥青层状模型建立

制备基质沥青-老化沥青双层模型(图 5-22),先分别制备两个独立的基质沥青和老化沥青分子模型晶胞,两个分子模型各自由 12 分子沥青模型组成,初始密度为 0.1g/cm³。基质沥青分子模型的初始尺寸 70.781Å × 70.78Å × 70.781Å,老化沥青分子模型的初始尺寸为 71.739Å × 71.739Å × 71.739Å,分别进行几何优化之后,选择 COMPASS Ⅱ 力场,在压力为 1atm 的 NPT 系综中对其进行平衡,最后达到的基质沥青晶胞和老化沥青晶胞尺寸分别为 32.349Å × 32.349Å × 32.349Å 和 32.405Å × 32.405Å × 32.405Å。此后,将新老沥青分子模型用 build 菜单中的 build layer 功能构造基质沥青-老化沥青双层模型,此模型的尺寸为 $a = b = 32.377Å, c = 102.586Å$,如图 5-23 所示。

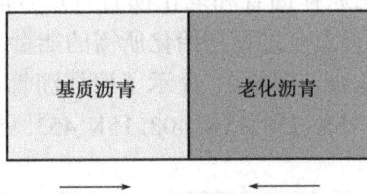

图 5-22　双层模型扩散示意图

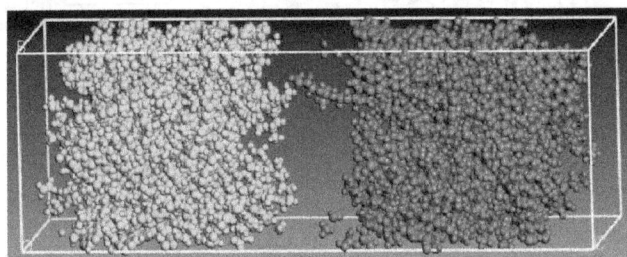

图 5-23　基质沥青-老化沥青双层模型

(2)新老沥青混溶模拟参数设置

运用 Geometry optimization 工,对新老沥青双层模型进行几何优化,然后在正则系综下,对新老沥青双层模型进行预平衡,调整时间步长为 1fs,运行 30000 步,使系统温度升高到混溶模拟所需的温度。随后,采用 NPT 系综,在恒定的压强和温度下(压强均为 1atm,温度根据模拟所需设置不同),调整时间步长为 1fs,运行 50000 步,使系统进一步趋于稳定。在 500ps 的 NPT 系综平衡之后再对系统进行正则系综模拟,在 1fs 的时间步长下运行 100000 步,以实现充分混溶,经正则系综之后,新老沥青双层模型的状态如图 5-24 所示,可以观察到基质沥青与老化沥青分别向对方的分子层扩散。

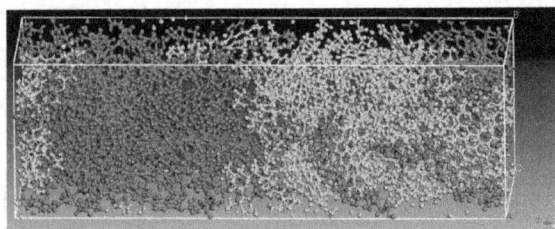

图 5-24　新老沥青双层模型扩散图

采用的压强温度控制分别为 NPT(298K,1atm)、NPT(433K,1atm)和 NPT(533K,1atm)。在分子动力学模拟时,系统采用 Nose-Hoover 恒温器和 Andersen 恒压器分别维持目标温度和压力。系统键能和非键能由 COMPASS Ⅱ 力场控制。

(3)新老沥青混溶过程密度分析

密度是材料的一个重要的热力学性质。在对新老沥青模型的混溶过程进行模拟分析的时,首先要对体系密度的变化及结果对比进行研究,以便最直观且最简便地反映模型性质。在正则系综阶段,新老沥青双层模型的体积是固定不变的,所以对密度的研究主要在于 NPT 系综阶段。图 5-25 为 298K 下新老沥青双层模型在 NPT 系综中进行模拟时最初 100ps 的密度变化过程。

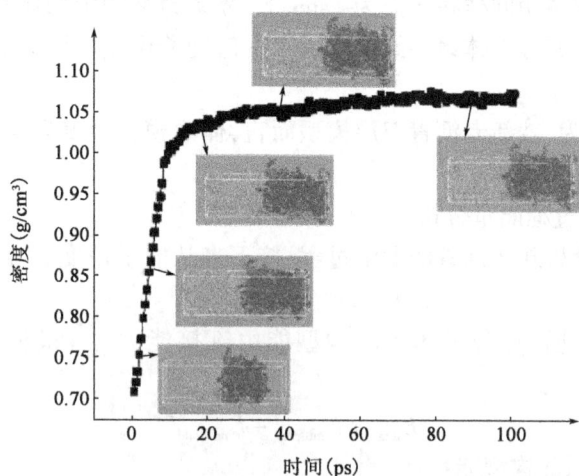

图 5-25 298K 下新老沥青双层模型在 NPT 系综模拟中的密度变化曲线

由图 5-25 可以看到,在模拟初期(0~30ps)的时间区间,密度曲线迅速上升,并在模拟运行一段时间之后趋于平稳,这与双层模型的扩散过程相关。在正则系综模拟阶段,经过系统弛豫之后的体系虽然达到反应温度,但体积并没有发生改变。在 NPT 系综模拟开始之后,基质沥青层和老化沥青层发生接触并相互靠近,且体系在施加的压强作用下体积迅速减小。新老沥青双层模型由反应开始前分布在模型两侧的状态变为 10ps 时开始接触靠近且充满整个模型体系的状态,所以在该阶段密度值迅速增大。之后双层模型体积持续减小,基质沥青层和老化沥青层也开始由靠近接触转为相互扩散,密度曲线在迅速增大阶段之后逐渐开始趋于平缓。

压力为 1atm,温度分别为 298K、433K、533K 的 NPT 系综模拟后,得到新老沥青双层模型的密度变化曲线,如图 5-26 所示。

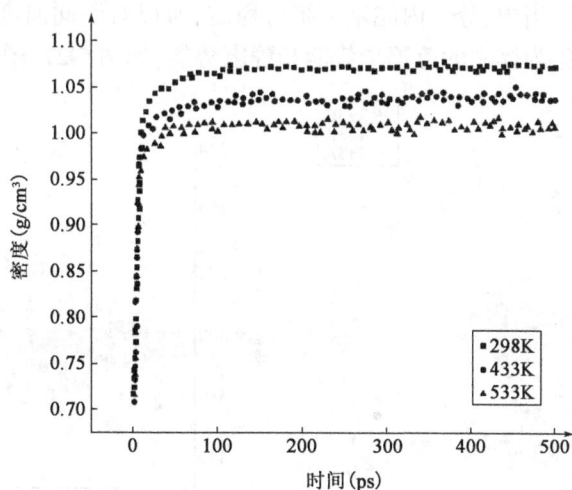

图 5-26 不同温度下双层模型密度对比图

由图 5-26 可以看出,对同一双层模型来说,体系模拟的温度越高,模型密度最终值越小。如上所述,当双层模型开始接触并相互扩散后,到一定程度体系的体积就无法继续减小,而最终达到的密度值越小则说明同样在压力为 1atm 下,体系最终稳定的体积越小,一定程度上也就意味着模型混溶更为充分。体系最终稳定的密度值随着温度的增高而降低,但不同温度下密度的差值较小。

因此,初步推测认为,就新老沥青双层模型而言,体系模拟温度升高能够促进双层模型体系的相互扩散。

(4)新老沥青混溶过程能量分析

为了更深层次地分析新老沥青的混溶过程,接下来从能量角度对混溶过程中新旧沥青双层模型体系进行研究。

在 COMPASS Ⅱ 力场中,分子体系的构型能由键接能 $E_{internal}$ 和非键接能 $E_{no\text{-}bond}$ 两部分构成:

$$E_{total} = E_{internal} + E_{no\text{-}bond} \tag{5-9}$$

式中:E_{total}——分子体系的构型能;

$E_{internal}$——键接能;

$E_{no\text{-}bond}$——非键接能。

键接能在计算时考虑了键长扭曲、键角扭曲、二面角扭曲、平面外扭曲和交叉项的贡献,是与分子中原子间距离和夹角的变化相关的项。

非键接能由 Lennard-Jones 函数描述的范德华势能和用部分原子电荷模型及库仑势描述的静电势能两部分构成,即

$$E_{no\text{-}bond} = E_e + E_{vdW} \tag{5-10}$$

式中:E_e——静电势能;

E_{vdW}——范德华势能。

由于扩散运动是在范德华力、电场力和分子热运动的共同作用下发生的,且已有研究结果表明,在混溶模拟的过程当中,分子内能基本维持稳定,所以对不同温度下的双层模型进行能量分析时,主要研究对象为体系的范德华势能和静电势能,如图 5-27、图 5-28 所示。

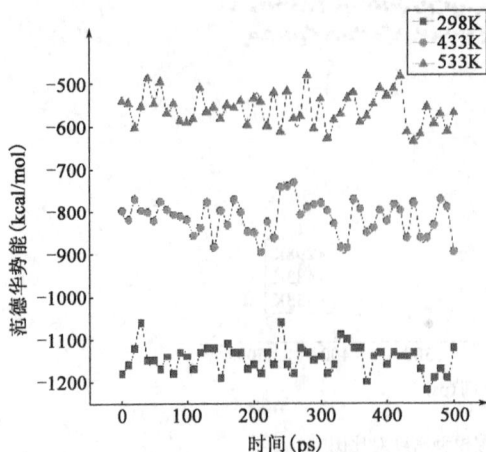

图 5-27　不同温度下新老沥青双层模型范德华势能

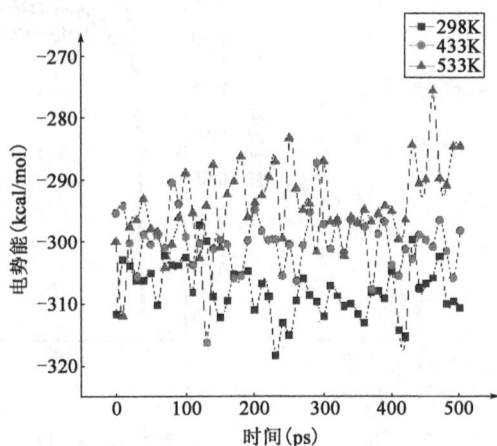

图 5-28　不同温度下新老沥青双层模型静电势能

从图 5-27 可以看出,随着温度的升高,新老沥青双层模型体系的范德华势能增加,即在扩散过程中,随着温度的增加,范德华势能随之升高。从能量交换的角度来看,体系模拟的温度越高,体系的动能越高。动能的增加有利于分子摆脱分子力的束缚,在高温下加剧分子的热运动,温度升高后扩散进程对分子势能的依赖有所降低。相比之下,在图 5-28 中并没有发现静电势能与温度之间存在一定规律,数据波动较大且比较无序。结合以往研究认为,沥青作为一种典型的非晶体材料,其分子间的作用力主要为范德华力,库仑力的影响较小。

5.3.5　再生剂在老化沥青中的扩散作用

当提到再生沥青路面时,其中的关键技术是将老化沥青再生至类似于原始沥青的状态。在实践中,这通常需要添加软化沥青或再生剂来实现。当再生沥青路面建设量较小时,可以将基质沥青掺入沥青混合料实现再生。对于再生沥青路面建设量较大的情况,实现混合料再生需要大量的基质沥青,因此需要考虑再生剂。我们知道,老化沥青和原始沥青之间的混合是通过机械混合和分子扩散的结合来实现的。在扩散过程中,新老化沥青相互扩散,并在分子水平上变得均匀。

在现场实践中,使用再生剂是提高基质沥青和沥青混合料混合效率的常用方法。再生剂具有恢复老化的沥青混合料中沥青的流变学和化学成分的能力,提供所需的黏结剂性能并使沥青黏结剂较好地与集料混合,从而获得更长的使用寿命。了解原样沥青、老化沥青和再生剂之间的扩散过程很重要,因为它可以帮助指导再生剂种类和用量选择从而进行混合料设计。但是,这种扩散过程基本上受分子流动性控制,因此很难通过传统的建筑材料微观或宏观实验进行量化。因此,原子级计算仿真的固有优势(如 MD)有利于研究沥青在分子水平上的再生利用。

(1)再生剂分子模型

再生剂可从多种来源获得,这些来源可能是植物油、废料衍生的油、工程产品或传统和非传统的炼油基础油等。再生剂可以是单一组分,也可以是由不同的主要芳香族和树脂组分组成的复合材料。单一组分再生剂用于恢复老化沥青的流变性。而复合再生剂常用于修复严重老化的沥青,并且比单一组分再生剂具有更好的效果。

为简单起见,选择了单一组分再生剂,其分子结构如图 5-29 所示。再生剂模型具有相对较小的分子大小和较轻的重量,这具有潜在的优势,即在原样沥青和老化沥青中具有较高的扩散速率。常用的再生剂是具有高芳烃含量的轻质油,含量选择为沥青重量的 10% 。

(2)新老沥青分层模型

实际上,再生沥青混合料通常是通过在老化的路面混合料中添加再生剂来实现的。再生剂应扩散到沥青混合料黏合剂中,并活化老化沥青。原样沥青和老化沥青之间的混合效率决定了沥青黏合剂能否形成均匀混合物,从而决定了沥青黏合剂的材料性能。本研究建立了一个分层模型系统,研究再生剂对沥青混合料与原沥青混合料混合效率的影响。在控制压力和温度的条件下,模拟了层间扩散过程。模型系统按照再生过程顺序建立,其中再生剂首先与老化沥青接触,然后与原始沥青接触。

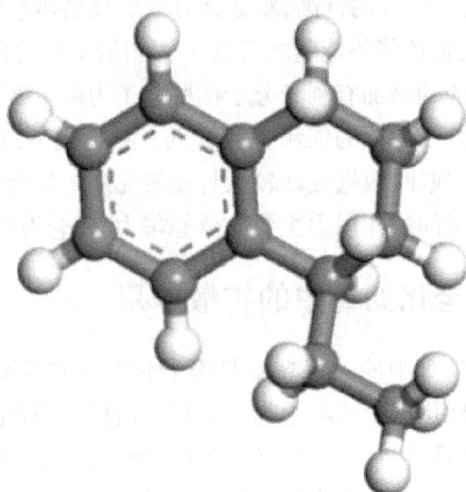

图 5-29　沥青再生剂的分子模型

　　在模拟过程中,沥青的初始层结构(原样沥青的和老化沥青的)和再生剂都是按照作者先前工作中描述的方法制备的。再生层附着在老化沥青层上,形成双层模型结构,接着进行几何优化。然后进行300ps 的 NPT 系综模拟,以模拟再生剂渗透过程,另外进行300ps 的恒定体积和温度(正则)模拟,以完全平衡结构。图 5-30a)说明了分子扩散过程后再生剂分子渗入老化沥青模型的情况。在此基础上,建立原样沥青和老化沥青之间的分层模型。进行相同的模拟程序,即几何优化、NPT 模拟和正则模拟。考虑到系统规模的增大,模拟时间从 300ps 增加到500ps。图 5-30b)展示了使用再生剂扩散过程后原样沥青和老化沥青之间的分层模型。

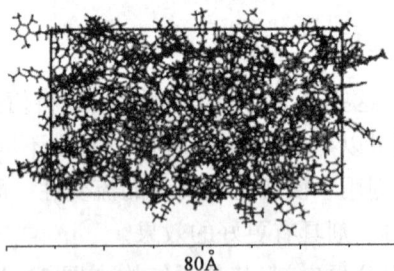

80Å

a)再生剂向老化沥青中扩散模型

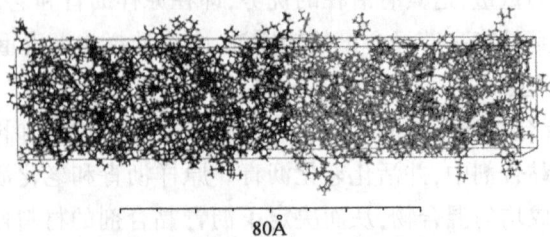

80Å

b)原样沥青与再生老化沥青扩散模型

图 5-30　再生剂渗透与沥青扩散分层模型

在上述两个图中,注意到在老化沥青模型的另一个方向观察到几个再生剂分子,这是由于在分子动力学模拟中应用的周期性边界条件。对于所有分子动力学模拟,压力设定为一个大气压的恒定压力。为了评价温度对再生效果的影响,使用了一系列温度,包括298K、333K、433K和533K。

(3)新老沥青混合模型

原样沥青和老化沥青混合的一个思想是,它们最终可以在再生剂的帮助下混合在一起,形成新沥青,尽管在实践中,这个过程可能需要几个月甚至几年。为了了解再生剂如何影响沥青结合料的性能,添加10%的再生剂,建立原样沥青和老化沥青(1∶1)的混合模型,如图5-31所示。在模拟过程中,首先建立一个三维周期条件下初始密度为0.1g/cm³的大立方体单元,目的是随机分布沥青分子,防止分子链相互交叉,如图5-31a)所示。在几何优化过程之后,以1fs的时间步长进行200ps的恒定体积和温度(正则)模拟的平衡运行,以预平衡系统,这使得模型系统在目标温度下从初始状态达到更平衡的状态。在正则系综中,Nose-Hoover恒温器用于控制温度,且没有压力耦合。之后进行另一次NPT系综的分子动力学运行,时间为500ps,以缩小系统体积并使其接近真实密度的稳定状态,如图5-31b)所示。在此过程中,Nose-Hoover恒温器和Andersen气压计分别用于系统保持目标温度和压力。使用正则和NPT系综进行弛豫的时间被证明是足够的,因为观察到在该弛豫过程中温度和密度达到稳定值。最后一帧轨迹被选为沥青材料的代表模型,并用于进一步分析。与分层模型类似,所有模拟都是在一个大气压的恒定压力下进行的,并使用了一系列温度,包括298K、333K、433K和533K。

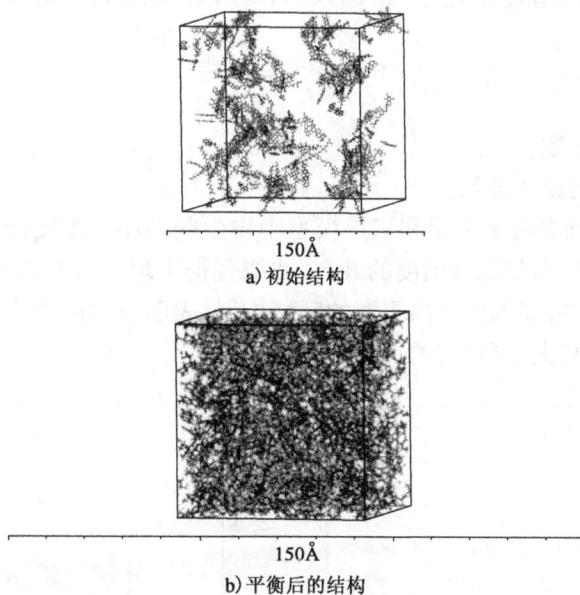

150Å

a)初始结构

150Å

b)平衡后的结构

图5-31　原样沥青与再生老化沥青混合料模型

(4)再生剂对老化沥青和原样沥青扩散的影响

①再生剂的扩散

扩散是由随机分子运动引起的,导致物质从一个系统移动到另一个系统。图5-32显示了不同温度下分层模型中再生剂的扩散系数。结果表明,温度对再生剂的流动性有重要影响,尤其是当温度高于433℃时。研究发现,当温度不是很高(小于533K)时,再生剂在三层模型中的扩散系数比在两层模型中的扩散系数大,三层模型中的再生剂为原样沥青和老化沥青。这是合理的,因为扩散速率受不同边界条件的影响。

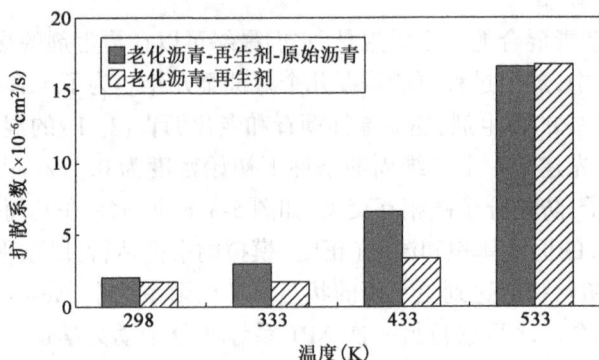

图5-32 不同温度下分层模型中再生剂的扩散系数

浓度分布图采用坐标信息作为输入,并沿指定方向绘制体系中目标原子(分子)的相对浓度。在本研究中,使用浓度分布图来观察原始沥青层和老化沥青层扩散体系内(0 0 1)方向或沿 z 轴的再生剂分布。将整个系统平均分为50块,收集并分析每块板中的再生剂数据。根据下列公式计算相对浓度分布,并应用平滑函数(高斯函数)获得良好的拟合结果。

$$相对浓度 = \frac{X_{slab}}{X_{bulk}} \tag{5-11}$$

式中:X_{slab}——各层原子数;

X_{bulk}——系统中的原子总数。

图5-33 显示了不同温度下两层和三层模型中再生剂的相对浓度分布。发现相对浓度分布具有相似的曲线形状,但是随着温度的升高,曲线变得平坦。随着相对浓度峰值的降低,再生剂的相对浓度曲线在较高温度下向更宽的区域扩展,表明更多的再生剂分子扩散到原样沥青和老化沥青中,形成更大、更均匀的过渡带。

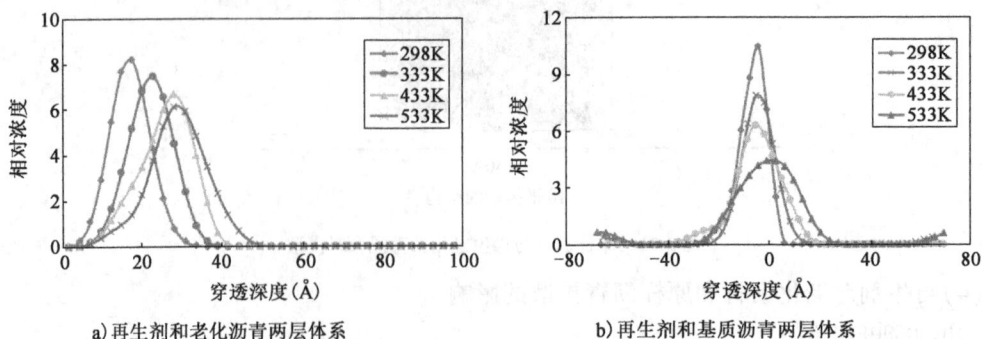

a)再生剂和老化沥青两层体系

b)再生剂和基质沥青两层体系

图5-33 分层模型中再生剂的相对浓度分布

注意:由于分子动力学模拟中使用的时间尺度的限制,没有观察到再生剂完全分散于沥青中。在实际应用中,再生剂在沥青中的扩散程度以及新老沥青的混合取决于物理剪切力和搅拌时间。例如,较长时间的机械混合有助于在回收过程中获得更好的均匀性和达到充分混合。以前的研究发现,当再生剂直接掺入沥青混合料时,再生剂可能需要几天时间才能完全扩散到老化沥青中。

②再生剂对原样沥青和再生沥青混合料的影响

再生沥青混合料的路用性能在很大程度上取决于原样沥青和再生沥青混合料的混合程度。因此,评价再生剂对新老沥青相互扩散过程的有效性是非常重要的。图 5-34 显示了添加再生剂后,原样沥青层和老化沥青层的扩散系数的变化。另外,图 5-34 还评估了从室温(298K)到混合温度(433K)以及更高温度(533K)的温度下对新老沥青相互扩散行为的影响。

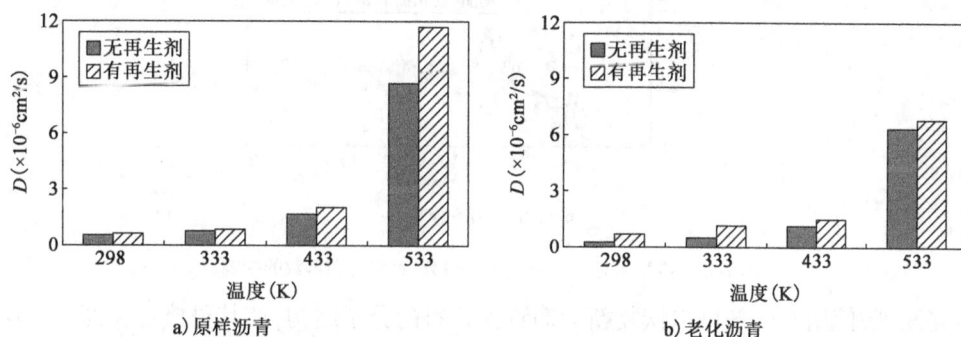

图 5-34　再生剂和温度对互扩散系数的影响

观察到添加再生剂后,新老沥青都表现出较高的相互扩散速率。当温度低于 433K 时,这种影响对老化沥青更为显著,但当温度升高到 533K 时,对原样沥青的影响更为显著。原样沥青和老化沥青在不同温度下的相互扩散系数变化趋势与再生剂相似(图 5-32)。这表明再生剂的渗透加速了原样沥青和老化沥青的混合。

③再生剂对沥青四组分分子结构的影响

图 5-35 展示了基于径向分布函数的不同沥青组分的分子结构。对于原样沥青,与其他沥青组分相比,沥青质-沥青质对的径向分布函数表现出较高的峰值(远大于1),表明其具有很强的自聚集性。根据先前的研究报道,沥青质在很宽的浓度和温度范围内易于聚集并形成团簇或胶束,这构成了沥青的胶体结构的基础。另外,观察到树脂分子的聚集趋势较弱,径向分布函数的峰值小于2。在原样沥青模型中,芳香族对和饱和分很少显示出任何聚集行为。

当将老化沥青与原样沥青混合时,沥青模型内部的分子结构发生了变化。具体而言,沥青质分子趋于彼此缔合并表现出更强的自聚集行为,这是因为在原样沥青和老化沥青混合物中发现的沥青质-沥青质对的径向分布函数峰值更高。径向分布函数的峰值出现在相同的距离处,这表明以 1∶1 的比例将老化沥青掺入原样沥青不会改变沥青质的团聚行为,但会引起更强的自团聚。这可能是因为沥青质的自聚集更可能是由高度的极性和极性相互作用驱动的。而老化沥青由于氧化老化作用而在沥青质分子中具有酮和亚砜的官能团。与沥青质对相比,径向分布函数的峰值接近1,因此树脂对和芳香族对的聚集行为不明显。但是,饱和分会在原样沥青和老化沥青混合物中显示出自聚集现象,正如径向分布函数的峰值增加所表明的那样。

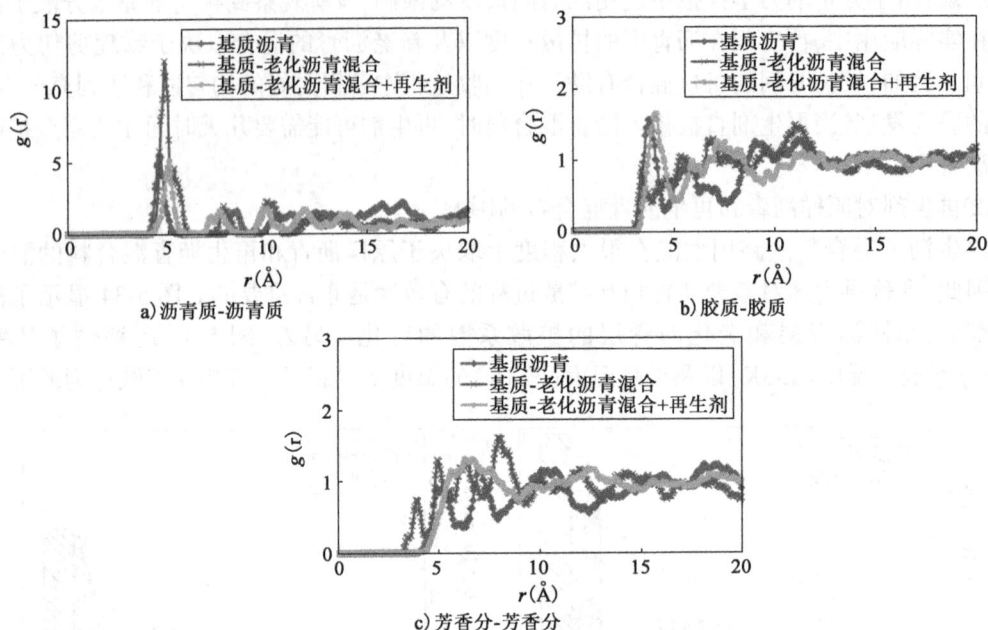

a)沥青质-沥青质

b)胶质-胶质

c)芳香分-芳香分

图5-35 再生剂对SARA(沥青四组分)径向分布函数的影响

　　研究发现,使用再生剂可以恢复新老沥青混合料的分子结构,使其更接近新沥青。这种趋势在沥青质-沥青质对、树脂-树脂对和芳烃-芳香对的径向分布函数中一致。特别值得一提的是,再生剂降低了沥青混合料中沥青质分子的自缔合趋势。这可能是因为小的再生剂分子可以进入并破坏沥青质分子的自聚集结构,正如从分子模型中观察到的那样。如图5-36所示,在原样和老化沥青混合物中观察到沥青质的强烈自聚集行为;而沥青质分子由于再生剂分子的侵入而形成了更均匀分布的结构,如图5-36b)所示。

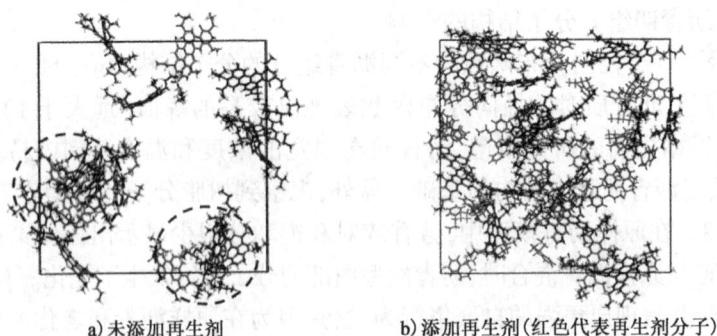

a)未添加再生剂

b)添加再生剂(红色代表再生剂分子)

图5-36 原始沥青和老化沥青混合料模型中沥青质自聚集

　　观察到的一个有趣现象是,在新老沥青混合料中加入再生剂后,在较小距离处饱和分-饱和分对的局部浓度增加。径向分布函数中沥青质-沥青质对和饱和分-饱和分对的第一个峰值出现在几乎相同的距离处,如图5-35a)所示。由于与沥青质分子相比,饱和分是更小的分子,它们易于在小距离处形成局部聚集。图5-37a)显示饱和分子均匀分布在原始沥青内部,不易形成聚集;

然而,如图 5-37b)所示,它们在含有再生剂的新老沥青混合物中形成局部聚集。

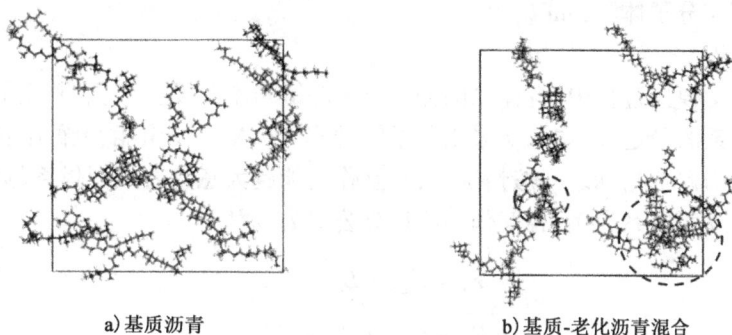

a)基质沥青　　　　　　　　　　　　b)基质-老化沥青混合

图 5-37　饱和分自聚集

5.4　改性沥青

改性沥青是掺加橡胶、树脂、高分子聚合物、磨细的橡胶粉或其他填料等外掺剂(改性剂),或采取对沥青轻度氧化加工等措施,使沥青或沥青混合料的性能得以改善制成的沥青结合料。改性沥青具有以下特点:①耐高温,抗低温,适应性强;②韧性好,抗疲劳,增强路面承载能力;③抗水、抗油和抗紫外线辐射,延缓老化;④性能稳定,使用寿命长,降低了养护费用。改性沥青因具有良好的实用性,广泛应用于新建道路和旧路改造的维修。

5.4.1　SBS 改性沥青

SBS 改性沥青是以基质沥青为原料,加入一定比例的 SBS 改性剂,通过剪切、搅拌等方法使 SBS 改性剂均匀地扩散于沥青中,同时,加入一定比例的专属稳定剂,形成 SBS 改性剂共混材料,利用 SBS 改性剂良好的物理性能对沥青做改性处理。SBS 改性沥青在道路工程中的运用十分广泛。SBS 改性剂能有效增强基质沥青的感温性、抗老化性和稳定性等。然而,由于沥青的结构、性质与 SBS 改性剂存在较大差异,二者共混后的相容性直接关系到改性沥青的形态结构和使用性能,因此相容性问题是 SBS 改性剂与沥青共混物性能研究的重要内容。已有诸多学者对 SBS 改性沥青的改性机理进行了研究,但仅依靠 SBS 改性剂在沥青中的分布形态及分散状态并不能很好地表明二者的相容性,有必要采用分子动力学模拟方法深入研究沥青与 SBS 改性剂的相容性和力学性能。

(1)计算参数

①溶解度参数

两种材料的溶解度参数(δ)差别越小,越容易互相混溶,因此溶解度参数可以作为评价 SBS 改性剂与沥青的相容性优劣的指标。根据聚合物共混物混合热理论可知,内聚能密度为消除 1mol 物质全部分子间作用力所需的能量,是表征物质分子间相互作用力强弱的物理量,而内聚能密度的平方根即溶解度参数 δ,其计算方程式为

$$\delta = \sqrt{\frac{E_{\text{coh}}}{V}}$$

(5-12)

式中：E_{coh}——内聚能，J；

$\quad\quad V$——真实分子体积，cm^3。

②相互作用能

在分子动力学模拟过程中，各体系的分子键长和键角不断发生变化，其变形和扭曲比较复杂。为评价各体系的稳定性，本示例采用分子间的非键接相互作用能、范德华相互作用能和静电相互作用能作为评价指标。一般情况下，相互作用能越大意味着共混体系越稳定，材料间相容性越好。以 a、b 两体系为例，相互作用能计算公式为

$$E_n = E_{abn} - E_{an} - E_{bn} \tag{5-13}$$

$$E_V = E_{abV} - E_{aV} - E_{bV} \tag{5-14}$$

$$E_\varepsilon = E_{ab\varepsilon} - E_{a\varepsilon} - E_{b\varepsilon} \tag{5-15}$$

式中：

$\quad\quad E_n$——a、b 体系非键接相互作用能，kJ/mol；

$\quad\quad E_V$——a、b 体系范德华相互作用能，kJ/mol；

$\quad\quad E_\varepsilon$——a、b 体系静电相互作用能，kJ/mol；

E_{abn}、E_{an}、E_{bn}——ab 共混体系、a 体系、b 体系的非键接能，kJ/mol；

E_{abV}、E_{aV}、E_{bV}——ab 共混体系、a 体系、b 体系的范德华势能，kJ/mol；

$E_{ab\varepsilon}$、$E_{a\varepsilon}$、$E_{b\varepsilon}$——ab 共混体系、a 体系、b 体系的静电势能，kJ/mol。

③力学性质表征参数

在分子模拟计算中，任意受到外力作用的体系都处在应力状态下，体系内粒子会发生相对位置的改变。对于各向同性的材料，其应力应变行为仅由拉梅常数便可完全描述，此时体系的刚度矩阵 c 可通过拉梅常数建立其与应力应变之间的关系，进而可计算各体系的体积模量 K、剪切模量 G。本示例各体系的体积模量 K、剪切模量 G 按照 Hill 法计算，具体为

$$K_H = \frac{K_V + K_R}{2} \tag{5-16}$$

$$K_V = \frac{c_{11} + c_{22} + c_{33} + 2(c_{12} + c_{23} + c_{13})}{9} \tag{5-17}$$

$$K_R = \frac{1}{s_{11} + s_{22} + s_{33} + 2(s_{12} + s_{22} + s_{13})} \tag{5-18}$$

$$G_H = \frac{G_V + G_R}{2} \tag{5-19}$$

$$G_V = \frac{c_{11} + c_{22} + c_{33} - (c_{12} + c_{23} + c_{31}) + 3(c_{44} + c_{55} + c_{66})}{15} \tag{5-20}$$

$$G_R = \frac{15}{4(s_{11} + s_{12} + s_{33}) - 4(s_{12} + s_{23} + s_{31}) + 3(s_{44} + s_{55} + s_{66})} \tag{5-21}$$

式中：K_H——Hill 法体积模量近似均值；

$\quad\quad K_V$——Voigt 法体积模量近似上限值；

$\quad\quad K_R$——Reuss 法体积模量近似下限值；

$\quad\quad c_{ij}$——体系刚度矩阵 c 中的分量值（$i,j = 1,2,\cdots,6$）；

s_{ij}——体系柔度矩阵 s 中的分量值（$i,j=1,2,\cdots,6$）；

G_H——Hill 法剪切模量近似均值；

G_V——Voigt 法剪切模量近似上限值；

G_R——Reuss 法剪切模量近似下限值。

（2）SBS 分子模型

SBS 是一种热塑性弹性体，在高温下呈塑性，易与沥青共混，是以丁二烯和苯乙烯为单体采用阴离子聚合制得的嵌段共聚物。嵌段线形 SBS 的分子式为 $[CH_2—CH(C_6H_5)]_n—[CH_2—CH=CH—CH_2]_m—[CH(C_6H_5)—CH_2]_n$。在 Materials Studio 软件中分别构建苯乙烯和 1,3-丁二烯单体分子模型（图5-38），进而在 Materials Studio 软件的 Block Copolymer 界面构建 SBS 分子模型。

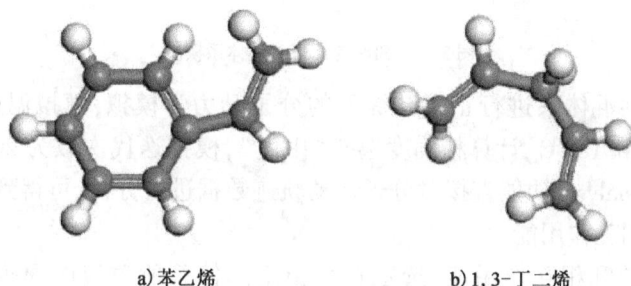

a）苯乙烯　　　　b）1,3-丁二烯

图5-38　SBS 单体分子模型

SBS 分子模型初始能量较高，且体系结构不稳定，需对该模型进行几何结构优化和能量最小化。选择 COMPASS Ⅱ力场进行优化，迭代次数设为200。优化过程中能量变化如图5-39所示；进行200次几何结构优化和能量优化后，能量由 14401kJ/mol 降低到 1598kJ/mol 并趋于稳定，此时得到 SBS 分子最终模型，如图5-40所示。

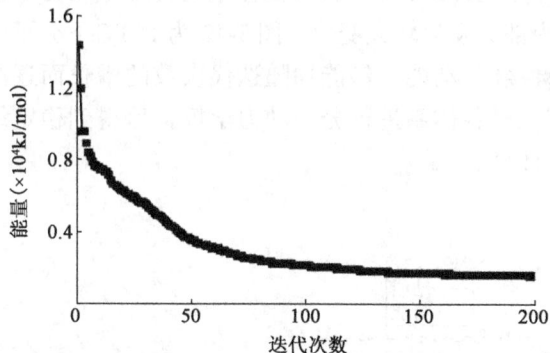

图5-39　SBS 分子模型能量随迭代次数的变化

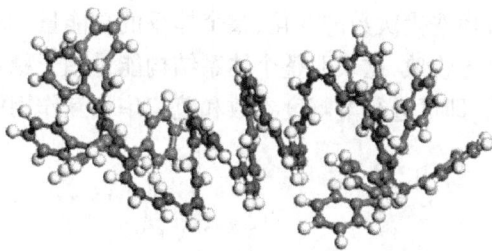

图5-40　SBS 嵌段共聚物模型

（3）SBS 与沥青共混物分子动力学模拟

在 Amorphous Cell 模块中建立 SBS 与沥青二者的共混物体系。SBS 在沥青中的掺量（质量分数，下同）一般为 4%～6%，本示例设定 SBS 与沥青共混比例时，SBS 的掺量为 5%，其共混体系模型如图5-41所示。

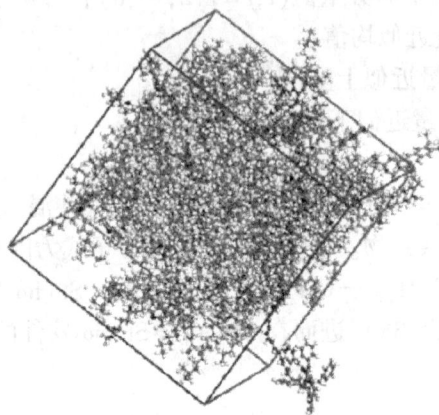

图 5-41 SBS 与沥青共混体系模型

对 SBS 与沥青共混体系进行正则系综下的分子动力学模拟,模拟温度分别采用 100℃、120℃、140℃、160℃和 180℃,计算精确度选择"中度",模拟迭代次数为 2000。利用 Materials Studio 软件内置的 Analysis 功能直接对分子运动轨迹数据进行分析,可得到不同温度下共混体系的溶解度参数和相互作用能。

根据溶解度参数和相互作用能,选定较为稳定的体系所对应的模拟温度,进行沥青体系、SBS 与沥青共混体系力学性质的模拟计算。在计算过程中,Materials Studio 软件内部计算程序将应变依次施加在模型体系的正轴向与偏轴向 6 个方向上,加载分 4 步分别施加 4 个应变值(-0.005、-0.001、0.001、0.005)。施加应变后即可得到相应的应力,进而可求得刚度系数 c_{ij},即可得到单胞模型的弹性刚度矩阵,进而计算各体系的力学参数。

(4)相容性分析

对不同温度下的沥青分子体系、SBS 聚合物体系、SBS 与沥青共混体系进行分子动力学模拟,因分子间的相互作用,在模拟过程中体系内部会发生较大变化。图 5-42 为 120℃下分子能量随迭代次数的变化,整个体系的总能量、非键接能、动能和势能均随迭代次数的增长而逐渐趋于收敛,这表明整个体系结构能量趋于稳定。对各体系进行分子动力学模拟后得到稳定结构,即可进行溶解度参数和范德华相互作用能计算。

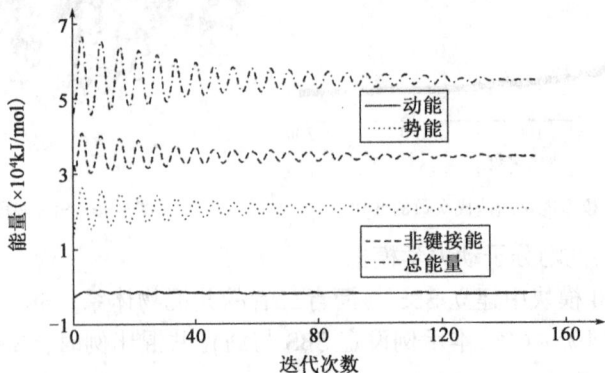

图 5-42 SBS 与沥青混合体系在 120℃时的能量变化

①温度对 SBS 与沥青共混物相容性的影响

沥青分子体系、SBS 嵌段共聚物体系在不同温度下的溶解度参数见表 5-10。

不同温度下的溶解度参数　　　　表 5-10

温度(℃)	100	120	140	160	180
沥青溶解度参数[(J/cm³)⁰·⁵]	15.472	15.561	15.827	15.774	16.107
SBS 溶解度参数[(J/cm³)⁰·⁵]	8.493	8.743	12.646	8.902	8.306

由表 5-10 可知,随着温度的升高,沥青体系的溶解度参数总体保持增大趋势,SBS 的溶解度参数则随温度的升高先增大后减小。显然,随着温度升高,SBS 与沥青更容易解聚,且在温度为 140℃时,SBS 与沥青的溶解度参数最为相近,可预测在 140℃温度下,SBS 与沥青形成的结构更稳定。

②相互作用能

经过分子动力学模拟后,不同体系在不同温度下的非键接能、范德华势能和静电势能分别见表 5-11 ~ 表 5-13。

不同温度下的非键接能　　　　表 5-11

温度(℃)	100	120	140	160	180
沥青非键接能(kJ/mol)	−1558.240	−1288.030	−1154.910	−931.283	−1558.240
SBS 非键接能(kJ/mol)	226.140	172.574	135.214	183.310	226.140
SBS 改性沥青非键接能(kJ/mol)	−1023.620	−760.630	−540.900	−553.250	−1023.620

不同温度下的范德华势能　　　　表 5-12

温度(℃)	100	120	140	160	180
沥青范德华势能(kJ/mol)	−1876.870	−1617.420	−1494.300	−1268.470	−1876.870
SBS 范德华势能(kJ/mol)	202.740	153.040	115.311	148.350	202.740
SBS 改性沥青范德华势能(kJ/mol)	−1372.220	−1115.030	−927.190	−928.380	−1372.220

不同温度下的静电势能　　　　表 5-13

温度(℃)	100	120	140	160	180
沥青范德华势能(kJ/mol)	318.63	329.31	339.39	337.18	318.63
SBS 范德华势能(kJ/mol)	23.40	19.54	19.90	18.23	23.40
SBS 改性沥青范德华势能(kJ/mol)	348.59	354.38	386.29	375.13	348.59

根据表中数据及相关方程式,分别计算非键接相互作用能、范德华相互作用能和静电相互作用能,计算结果如图 5-43 所示。

由图 5-43 可知,温度对非键接相互作用能、范德华相互作用能和静电相互作用能影响非常大,且三者在 100 ~ 160℃范围内均随温度的升高先增大后减小,在 140℃附近时各相互作用能增大到最大值。相互作用能越大意味着 SBS 与沥青共混体系越来越稳定。

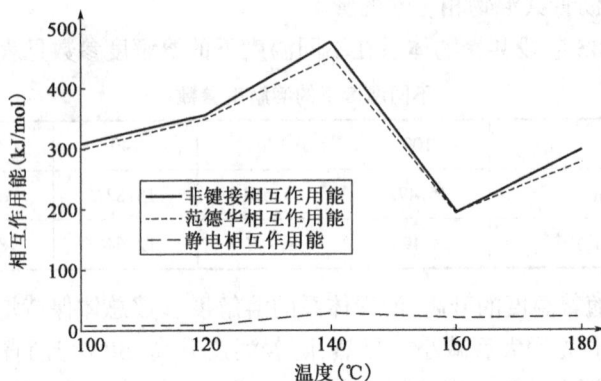

图 5-43　相互作用能随温度的变化曲线

可以得出结论:在 140℃时 SBS 改性沥青结构最稳定,沥青性能的改善效果最好。这一结论与溶解度参数分析得出的结论一致。

(5)力学性质分析

基于上述分析,进行共混体系力学性质模拟时,设定模拟温度为 140℃,计算每个体系的弹性刚度矩阵分量和弹性柔度矩阵分量。基质沥青体系弹性刚度矩阵 c_b(GPa)和弹性柔度矩阵 s_b(TPa^{-1})、SBS 改性沥青体系的弹性刚度矩阵 c_s(GPa)和弹性柔度矩阵 s_s(TPa^{-1})分别表示为

$$c_b = \begin{bmatrix} 2.1844 & 0.6458 & -0.0917 & -0.4274 & 0.4565 & -0.3681 \\ 0.6458 & -1.8416 & -2.0942 & -0.5678 & 0.2153 & 0.4419 \\ -0.0917 & -2.0942 & 5.1977 & -0.0318 & 0.2030 & 0.9230 \\ -0.4274 & -0.5678 & -0.0318 & -2.9255 & -0.6503 & 0.0872 \\ 0.4565 & 0.2153 & 0.2030 & -0.6503 & -0.7907 & 0.1602 \\ -0.3618 & 0.4419 & 0.9230 & 0.0872 & 0.1602 & -1.3604 \end{bmatrix} \quad (5\text{-}22)$$

$$s_b = \begin{bmatrix} 38.2019 & 155.0083 & 46.9611 & -157.2895 & 369.6692 & 31.4621 \\ 155.0083 & -478.8353 & -126.7670 & 113.3304 & -228.0627 & -303.0949 \\ 46.9611 & -126.767 & 133.9808 & 8.8321 & 25.5171 & 40.7830 \\ -157.2895 & 113.3304 & 8.8321 & -403.5549 & 294.4571 & 96.2142 \\ 369.6692 & -228.0627 & 25.5171 & 294.4571 & -1410.5687 & -304.0440 \\ 31.4621 & -303.0949 & 40.7830 & 96.2142 & -304.0440 & -844.0266 \end{bmatrix}$$

$$(5\text{-}23)$$

$$c_s = \begin{bmatrix} 14.7845 & 0.1527 & 0.2159 & -0.4281 & 0.2193 & 1.2073 \\ 0.1527 & -1.3141 & -1.74442 & 0.4653 & 1.7208 & 0.9323 \\ 0.2159 & -1.7442 & -1.8067 & 0.2024 & -0.5164 & -0.0673 \\ -0.4281 & 0.4653 & 0.2024 & 4.8708 & 0.4771 & -0.4241 \\ 0.2193 & 1.7208 & 0.5164 & 0.4771 & -1.6216 & -0.1197 \\ 1.2073 & -0.9323 & -0.0673 & -0.4241 & -0.1197 & -2.3808 \end{bmatrix} \quad (5\text{-}24)$$

$$s_8 = \begin{bmatrix} 65.1771 & 3.3636 & 0.7791 & 6.8091 & 8.9327 & 29.8973 \\ 3.3636 & 255.7874 & -356.6624 & -54.6998 & 376.5823 & -97.5697 \\ 0.7791 & -356.6624 & -18.0438 & 83.6007 & -329.1037 & 144.8649 \\ 6.8091 & -54.6998 & 83.6007 & 208.5668 & -21.3817 & -13.5662 \\ 8.9237 & 376.5823 & -329.1037 & -21.3817 & -107.8586 & -122.8835 \\ 29.8973 & -97.5697 & 144.8649 & -13.5662 & 122.8835 & -362.1577 \end{bmatrix}$$

$$(5\text{-}25)$$

计算得到基质沥青体系和 SBS 与沥青共混体系的弹性模量 E、体积模量 K 和剪切模量 G，计算结果见表 5-14。

各体系力学性质参数对比　　　　　　　　　　　表 5-14

参数	E	K	G
基质沥青	3.4781	4.4193	0.7859
SBS 改性沥青	3.9095	5.6396	0.9903

由表 5-14 可知，与基质沥青相比，SBS 改性沥青的各个力学参数均有一定的提高，其中弹性模量约增加了 12%，体积模量约增加了 27%，剪切模量约增加了 26%。对沥青来说，弹性模量是所建立晶胞体系在应力作用下抗变形能力的体现，剪切模量体现了体系在剪应力作用下抗剪切变形的能力。显然，SBS 改性剂的加入显著提高了沥青的力学性能。

5.4.2 橡胶改性沥青

橡胶改性沥青(Asphalt Rubber，AR)是一种把废旧轮胎制成的胶粉作为改性剂添加到基质沥青中，在一个专门的特殊设备中，经高温、添加剂和剪切混合等一系列作用制成的新型的优质复合材料。橡胶改性沥青路面具有良好的高温稳定性、低温抗裂性和抗疲劳性能，这使得橡胶改性沥青逐渐在道路建设中被广泛应用。橡胶改性沥青在生产、路面铺筑时都需要比 SBS 改性沥青、基质沥青更高的温度，因此老化作用更强。橡胶改性沥青中橡胶与沥青之间的相互作用关系是决定橡胶改性沥青性能的重要因素。本示例结合实际应用情况，运用 Materials Studio 软件对橡胶改性沥青进行分子动力学模拟技术，构建沥青与橡胶的分子模型，模拟不同温度下两种分子的相容性差异，以得到沥青分子与橡胶分子的最佳相容温度，并在最佳相容温度下模拟对比老化前后两种分子之间的相容性，以探究老化对橡胶与沥青分子之间相容性的影响。

(1)模拟设计与环境选择

为了探究橡胶与沥青之间的相互作用关系以及老化对橡胶改性沥青性能的影响，分子动力学模拟计算设计方案如下：

①构建橡胶、沥青、老化沥青的分子模型，并对其进行优化。

②对沥青与丁苯橡胶(SBR)相容性进行研究，设计在 100℃、120℃、140℃、160℃、180℃ 五个不同温度下对沥青分子、橡胶分子、橡胶改性沥青分子进行动力学计算，系综选择 NPT 系综，得到沥青与橡胶的最佳相容温度。

③对老化后沥青与胶粉相容性进行研究，基于研究②结果中沥青与胶粉的最佳相容温度，分别将基质沥青、老化沥青、胶粉、基质沥青胶粉混合模型、老化沥青胶粉混合模型在最佳相容

温度下进行动力学计算,对比老化前后在最佳相容温度下沥青与胶粉之间的相容性变化。

(2)分子模型的选择与建立

本示例所采用的废旧胶粉的主要成分为 SBR,除此之外还包含一定的天然橡胶(NR)、炭黑等改性成分,但考虑到 SBR 本身就是一种常见的沥青改性剂,在废旧胶粉中具有较高的含量,本示例选择 SBR 作为胶粉的代表分子模型。

利用 Build Polymers 构建无规共聚物 SBR,按照 7∶3 的比例调用苯乙烯和 1,3-丁二烯。图 5-44 所示为 SBR 聚合单体分子结构。能量优化后,将 4 条 SBR 单链分子利用 Amorphous Cell 组合得到 SBR 分子集团模型。

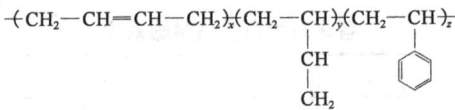

$$-(CH_2-CH=CH-CH_2)_x(CH_2-CH)_y(CH_2-CH)_z-$$

图 5-44 SBR 聚合体单分子结构

所选用基质沥青分子模型参见 5.2.1 节。

综上,在 Materials Studio 软件的 Amorphous Cell 模块中添加沥青质、芳香分、饱和分、胶质的代表分子模型建立沥青分子集团模型,如图 5-45 所示。

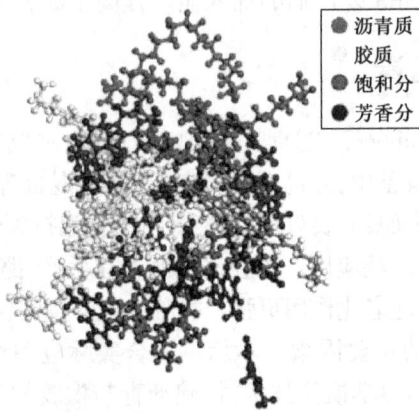

图 5-45 沥青分子集团模型

沥青与胶粉的分子模型建立完成后,按照胶粉占沥青质量的 20% 将两种分子集团模型进行组合以构建出胶粉改性沥青的分子模型。

(3)分子模型优化

沥青分子集团模型与 SBR 分子集团模型构建完成后,为保证所构建的模型准确、合理,需要对其分别进行优化处理。具体优化包括:

①分子构型几何优化,在 Compass Ⅱ力场下对分子模型进行 10 万次的迭代计算,用以消除分子构建中存在的不合理构型,此时的两种分子集团能量下降并趋于平稳。

②退火处理,选择 NPT 系综,温度为 300~1800K,步数设置为 50000 步进行退火,以消除分子模型构建过程中的不合理能量。

③动力学优化。第一步,选择 NPT 系综,设置温度为 298K,每 1000 步输出一个构型,动力学计算时步长为 100ps,此时输出分子模型的密度图如图 5-46 所示;第二步,选择正则系综,设置温度为 1500K,每 1000 步输出一个构型,动力学计算时步长为 200ps,此时输出分子模型的能量图如图 5-47 所示。动力学优化后,分子模型达到能量和体积的最稳定状态。

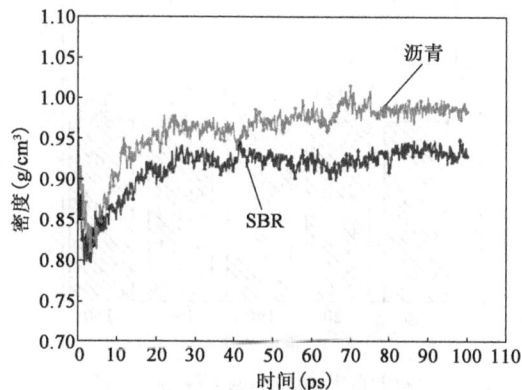

图 5-46　分子密度图

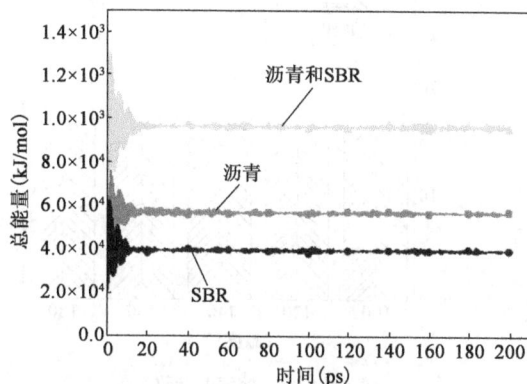

图 5-47　分子能量图

从图 5-46 可以看出,经过一系列的优化处理后,沥青分子集团模型、SBR 分子集团模型的密度都趋于稳定,此时沥青分子的密度在 $0.95\sim1\text{g/cm}^3$ 范围内稳定,与真实 90 号基质沥青密度 1.02g/cm^3 接近。而 SBR 分子的密度在 $0.90\sim0.95\text{g/cm}^3$ 范围内稳定,与真实 SBR 密度 0.94g/cm^3 一致。因此,从密度的角度考虑,此时所建立的分子模型已经基本稳定且可靠。从图 5-47 中可以看出,沥青分子集团模型、SBR 分子集团模型、胶粉改性沥青分子模型在 200ps 动力学优化后体系能量趋于稳定,可以认为此时的分子模型是稳定且可靠的。

(4)胶粉与沥青相容性研究

①溶解度参数

聚合物 a 的溶解度参数为

$$\delta_a = \sqrt{\frac{\Delta E_a}{V_a}} \tag{5-26}$$

聚合物 b 的溶解度参数为

$$\delta_b = \sqrt{\frac{\Delta E_b}{V_b}} \tag{5-27}$$

聚合物 a 和聚合物 b 的溶解度参数差为

$$\Delta\delta = \left| \delta_a - \delta_b \right| \tag{5-28}$$

式中:$\frac{\Delta E_a}{V_a}$、$\frac{\Delta E_b}{V_b}$——聚合物 a 和聚合物 b 的内聚能密度,J/cm^3。

由式(5-28)可知,$\Delta\delta$ 越小,则两种高聚物越有利于相容。因此,溶解度参数差 $\Delta\delta$ 是表征两种聚合物相容性的一种重要指标。

在高分子相容性理论中溶解度参数和分子间相互作用能是表征高聚物共混体系相容性的重要手段。模拟计算得到不同温度下的沥青集团分子模型与 SBR 集团分子模型溶解度参数,如图5-48所示。从图5-49中可以看出,溶解度参数δ随着温度的逐渐升高而下降,这是由于当温度升高时,高聚物分子动能随之增加,分子热运动增强,宏观的体积增大,导致分子内聚能密度逐渐降低,因此溶解度参数δ也随着温度的升高逐渐下降。

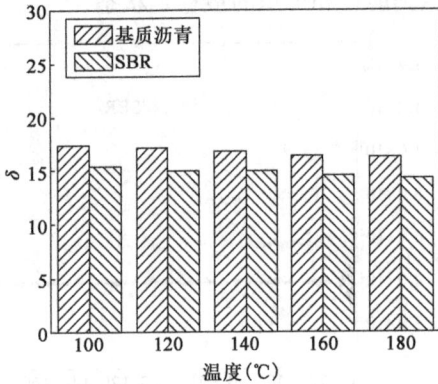

图5-48 溶解度参数δ 图5-49 溶解度参数差值$\Delta\delta$

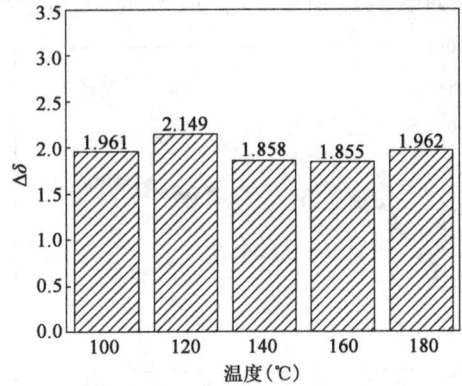

将沥青集团分子与SBR集团分子在不同温度下的溶解度参数做差,可以得到不同温度下的溶解度参数差$\Delta\delta$,如图5-49所示。从图5-49中可以看出,溶解度参数差值$\Delta\delta$在160℃时出现了一个最小值1.855,这是由于沥青与SBR分子大小、结构都有所不同,进而导致分子运动的剧烈程度不同,因此和溶解度参数δ随温度下降速率也有所不同,导致两者在不同温度下的溶解度参数差值$\Delta\delta$出现差异。溶解度参数差值$|\Delta\delta|$越小则表示两种高聚物的相容性越好,因此从溶解度参数这一指标考虑沥青与SBR分子在160℃时达到最佳的相容性。

②分子间相互作用能

两种或多种高聚物共混物体系内部分子之间的相互作用关系,可以用分子势能进行表征。其关系式如下:

$$E_{p} = E_{abp} - E_{ap} - E_{bp} \tag{5-29}$$

$$E_{V} = E_{abV} - E_{aV} - E_{bV} \tag{5-30}$$

$$E_{e} = E_{abe} - E_{ae} - E_{be} \tag{5-31}$$

式中:E_{p}——高聚物a、b之间的分子势能,kJ/mol;

E_{abp}——高聚物a、b混合物的分子势能,kJ/mol;

E_{ap}——高聚物a的分子势能,kJ/mol;

E_{bp}——高聚物b的分子势能,kJ/mol;

E_{V}——高聚物a、b之间范德华势能,kJ/mol;

E_{abV}——高聚物a、b混合物的范德华势能,kJ/mol;

E_{aV}——高聚物a的范德华势能,kJ/mol;

E_{bV}——高聚物b的范德华势能,kJ/mol;

E_{e}——高聚物a、b之间静电势能,kJ/mol;

E_{abe}——高聚物a、b混合物的静电势能,kJ/mol;

E_{ae}——高聚物 a 的静电势能,kJ/mol;

E_{be}——高聚物 b 的静电势能,kJ/mol。

E_p、E_V 和 E_e 共同构成了高聚物混合物体系中分子之间相互作用能,这几种能量足够大,表明高聚物混合物体系内分子之间相互作用力较强,分子之间不易被分离或破坏,此时表现为高聚物混合物体系内部两种或多种分子之间具有良好的相容性或相互溶解性。不同温度下各分子势能见表5-15。

不同温度下各分子势能(kJ/mol)　　　　　　　表5-15

温度(℃)		100	120	140	160	180
基质沥青	E_{ap}	14584.040	14949.656	15365.510	15734.417	16037.278
	E_{aV}	−816.095	−753.503	−664.253	−619.230	−591.270
	E_{ae}	−599.106	−589.782	−590.933	−587.035	−584.967
SBR	E_{bp}	1847.568	2199.602	2495.718	2868.544	3148.093
	E_{bV}	−987.423	−925.653	−894.137	−832.420	−805.729
	E_{be}	161.954	153.404	156.666	162.800	159.772
橡胶改性沥青	E_{abp}	16300.950	17030.445	17667.861	18328.902	19036.576
	E_{abV}	−2051.197	−1943.211	−1814.475	−1729.174	−1641.494
	E_{abe}	−442.010	−439.652	−437.433	−441.846	−428.000

由表5-15可以看出,各分子势能随着温度的升高而增大,这是因为在分子体系被加热时体系总体能量增加,并转化为分子势能与分子动能,导致分子势能的升高。各分子范德华势能的绝对值随温度的升高而减小,这是由于分子热运动加剧导致分子之间的距离增大,分子之间的范德华力影响减弱,导致范德华势能下降。各分子的静电势能随着温度的升高而减小,这是由于分子热运动的加剧导致分子之间距离增大,分子间的静电吸引减弱,静电势能下降。

在胶粉改性沥青混合体系中,计算得到胶粉改性沥青混合体系中沥青分子与 SBR 分子之间的分子势能(E)、范德华势能(E)、静电势能(E),当分子之间的距离大于平衡距离时,由于分子引力大于斥力,分子势能主要表现为引力引起的能量为负值,取绝对值如图5-50所示。

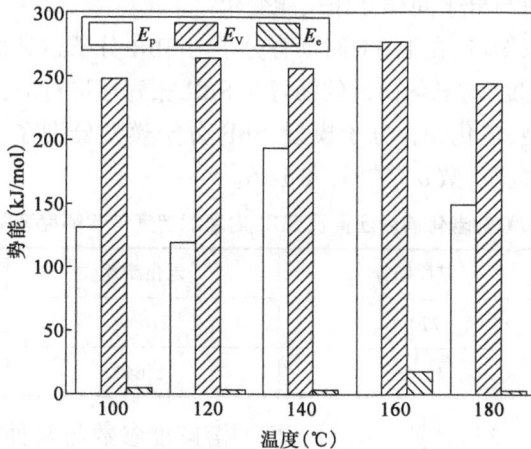

图5-50　沥青与 SBR 之间不同温度下分子势能

由图 5-50 可以看出,在混合体系中,两种分子之间的势能随着温度的升高不断变化,在160℃时出现了一个峰值,这表明在混合体系中,沥青分子与 SBR 分子之间相互作用在 160℃时最强。这是由于分子之间随着温度升高,分子开始剧烈运动,并不断扩散,分子之间的相互作用力随着分子之间的距离增大由大部分斥力变为大部分引力。在示例所选择的五个温度中,在 160℃时,大量沥青分子与 SBR 分子之间表现为引力与斥力相对平衡,从而表现为较强的相互作用。因此,在 160℃的温度下,混合体系最为稳定,相容性最好,这与之前的溶解度参数所得到结论相同。

(5)老化后沥青与胶粉相容性变化

①老化后分子模型建立

热氧老化会对沥青的分子种类、含量产生影响。参照 5.3.2 节,在 Materials Studio 软件的 Amorphous Cell 模块中添加沥青质、芳香分、饱和分、胶质的代表分子模型建立老化沥青分子集团模型,如图 5-51 所示。

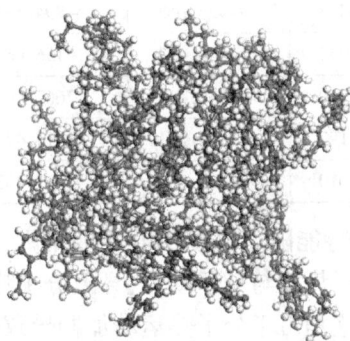

图 5-51　老化沥青分子集团模型

工业轮胎在生产加工时加入了抗老化剂,使得胶粉在使用时受到老化的影响较小,因此老化沥青分子模型建立完成后,同样按照 20% 的质量比,将 SBR 分子模型与老化沥青分子集团模型进行混合构建老化胶粉改性沥青模型,实验过程中并不考虑 SBR 的老化影响。

②老化后溶解度参数与分子间相互作用能变化

由前述研究结果可以知道,在 160℃时沥青分子与 SBR 分子达到最佳的相容状态,因此本章节选择 160℃为研究温度,对老化前后的沥青与 SBR 相容性进行对比研究。

对基质沥青分子模型、老化沥青分子模型、SBR 分子模型分别在 160℃进行动力学计算,求出其内聚能密度与溶解度参数 δ 结果见表 5-16。

160℃时老化前后沥青及 SBR 内聚能密度与溶解度系数　　　　表 5-16

沥青类型	基质沥青	老化沥青	SBR
内聚能密度(J/cm^3)	270.1	276.9	2227.7
溶解度系数	16.435	16.640	15.090

根据式(5-25)~式(5-27)计算 SBR 分子模型溶解度参数与两种沥青分子模型溶解度参数差值 $\Delta\delta$,如图 5-52 所示。

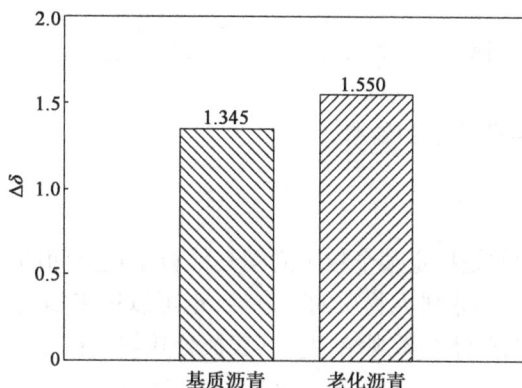

图 5-52　160℃下老化前后沥青与 SBR 溶解度参数差值

由图 5-52 可以看出,老化沥青分子与 SBR 分子之间的溶解度参数差值要明显大于基质原样沥青分子与 SBR 分子之间的溶解度参数差值,因此判断沥青在老化之后与胶粉的相容性变差,这是由于热老化之后沥青中大分子含量增加,小分子含量减少,根据相容性理论,两种高聚物分子的分子量越大,两者的自由能差越大,导致其不能很好地混溶,当胶粉的分子量一定时,热老化后沥青的大分子含量增加,导致其两者相容性变差。分别利用动力学计算基质沥青分子模型、老化沥青分子模型、SBR 分子模型、基质沥青与 SBR 混合模型、老化沥青与 SBR 混合模型的分子势能见表 5-17。

160℃时各分子势能(kJ/mol)　　　　　　　　　　表 5-17

分子模型	E_p	E_V	E_e
基质沥青	−274.059	−277.524	−17.611
老化沥青	−177.615	84.273	2.501

在不考虑方向的情况下,老化沥青与 SBR 之间的相互作用能小于基质沥青与 SBR 之间的相互作用能,老化使得沥青与 SBR 之间的相互作用减弱,从而导致沥青与 SBR 的相容性下降。

5.4.3　纳米 ZnO 改性沥青

氧化锌(ZnO)作为改性剂,可以显著地改善沥青的某些性能。适量的纳米 ZnO 可以改善沥青的高温性能,提高沥青的软化点,降低沥青的针入度,增强沥青的抗车辙能力。

以 SK-70 沥青为研究对象,采用 Materials Studio 软件构建沥青分子模型、纳米 ZnO 模型及纳米 ZnO/沥青共混体系模型,对各体系进行分子动力学模拟,然后研究纳米 ZnO 分子与沥青之间的相互作用、纳米 ZnO 在基质沥青中的扩散、纳米 ZnO 对沥青物理性能及分子结构的影响,通过分子动力学模拟结果解释纳米 ZnO 改性沥青的改性机理。

(1)扩散系数

纳米材料在沥青中的分散、迁移能力采用扩散系数进行表征,其计算公式如下:

$$D = \lim_{t \to \infty} \frac{<|r(t) - r(0)|>}{6t} = \lim_{t \to \infty} \frac{s(t)}{6t} = \frac{m}{6} \tag{5-32}$$

式中:D——扩散系数;

t——时间,ps;

$r(t)$——t 时刻分子的坐标;

$s(t)$——分子 MSD;

m——MSD 随时间变化曲线的斜率。

（2）结构参数

①径向分布函数

径向分布函数通常指的是指定某个粒子周围其他粒子在空间的分布概率(离给定粒子多远)。径向分布函数既可以用来研究物质的有序性,也可以用来描述电子的相关性,反映分子间相互作用的本质,分析共混体系微观结构。其表征公式如下:

$$g_{AB}(r) = \frac{1}{\rho_{AB}4\pi r^2} \cdot \frac{\sum_{t=1}^{K}\sum_{j=1}^{N_{AB}}\Delta N_{AB}[r \rightarrow (r+\delta_r)]}{K \cdot N_{AB}} \tag{5-33}$$

式中:N_{AB}——体系中 A、B 原子的个数;

ΔN_{AB}——对于 A 原子或者 B 原子,在 $r \rightarrow r + \delta_r$ 范围内出现 B 原子或者 A 原子的个数;

K——时间步长,ps;

δ_r——间隔宽度,Å;

ρ_{AB}——体系密度,g/cm^3。

②回旋半径

回转半径 $R_g(s)$ 代表聚合物的分子大小,其定义为分子中原子与其共同质心的均方根距离。回转半径在聚合物研究中比较常用,用于描述聚合物链在空间中的延伸,是表征链构象的重要参数之一,能够反映分子体积与形状的动态变化规律,可用于评价分子体系的紧密程度和状态。其计算公式如下:

$$R_g = \left(\frac{\sum_i r_i^2 m_i}{\sum_i m_i}\right)^{\frac{1}{2}} \tag{5-34}$$

式中:R_g——回转半径;

r_i——分子质心到第 i 个链单元的距离;

m_i——第 i 个链单元的分子质量。

（3）模型构建与模拟方法

①沥青分子模型组装与验证

沥青分子模型各组分分子数量如下:沥青质 5、胶质 28、芳香分 41、饱和分 26。各组分与元素含量的计算值与实验值见表 5-18。显然,沥青分子模型各组分与各元素含量的计算值与实验值较为接近。

沥青组分相对含量及元素实验值与计算值对比　　　　表 5-18

数值类型	四组分相对含量（%）				元素组成（%）				
	沥青质	胶质	芳香分	饱和分	C	H	O	S	N
实验值	7.14	29.28	37.73	22.43	86.96	7.63	1.01	3.46	0.91
计算值	7.61	30.95	38.61	22.84	86.84	8.20	0.96	3.13	0.87

②纳米 ZnO 簇团模型

根据表5-19 中纳米 ZnO 的晶格常数及空间群号构建纳米 ZnO 簇团模型(图5-53),簇团直径分别设为 4Å、6Å、8Å、10Å。

纳米 ZnO 晶格常数及坐标　　　　　　　表5-19

原子	x	y	z
Zn	0.3333	0.6667	0
O	0.3333	0.6667	0.3825
空间群:$P63mc(186)$,$a=3.2485Å$,$c=5.2066Å$,$\alpha=\beta=90°$,$\gamma=120°$			

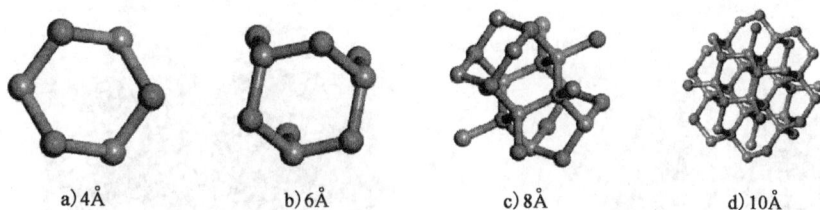

a)4Å　　　b)6Å　　　c)8Å　　　d)10Å

图5-53 不同粒径纳米 ZnO 簇团模型

③共混体系模型

采用 Materials Studio 软件的 Amorphous 模块构建纳米 ZnO/沥青共混体系模型,各共混体系组成信息见表5-20,其中粒径为6Å 的纳米 ZnO/沥青混体系三维模型如图5-54 所示。

各体系组成信息　　　　　　　　表5-20

纳米 ZnO 簇团直径 (Å)	纳米 ZnO 簇团数量 (Å)	体系原子数 (个)	纳米 ZnO 含量 (%)
4	8	7340	4.6
6	7	7355	4.7
8	2	7340	4.5
10	1	7343	4.6

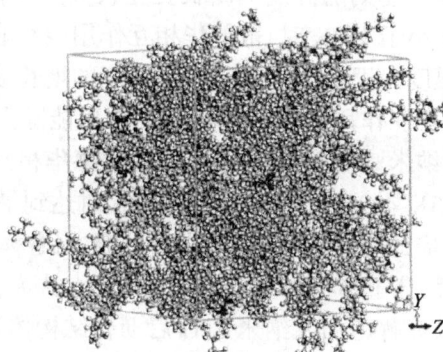

图5-54 纳米 ZnO/沥青共混体系

（4）模拟方法

本示例主要研究了纳米 ZnO 与沥青分子间的相互作用、纳米 ZnO 在沥青中的扩散、纳米 ZnO 对沥青分子结构及性能的影响等,分子模拟时选用力场为 COMPASS 力场,系综为 NPT 系综,具体模拟过程如下:

①运用 Focite 模块对各体系进行能量优化和几何结构优化。

②进行退火处理,退火过程采用 Amorphous 模块的 Protocols 程序,温度为 200~450K,间隔为 50K。

③体系结构稳定后利用 Focite 模块进行分子动力学模拟,体系分子动力学计算前后对比结果如图 5-55 所示。显然,分子动力学模拟后沥青四组分的排布基本符合胶体模型,即以沥青质为核心、胶质包裹着沥青质,随后是芳香分和饱和分,纳米 ZnO 则填充于沥青分子间隙。

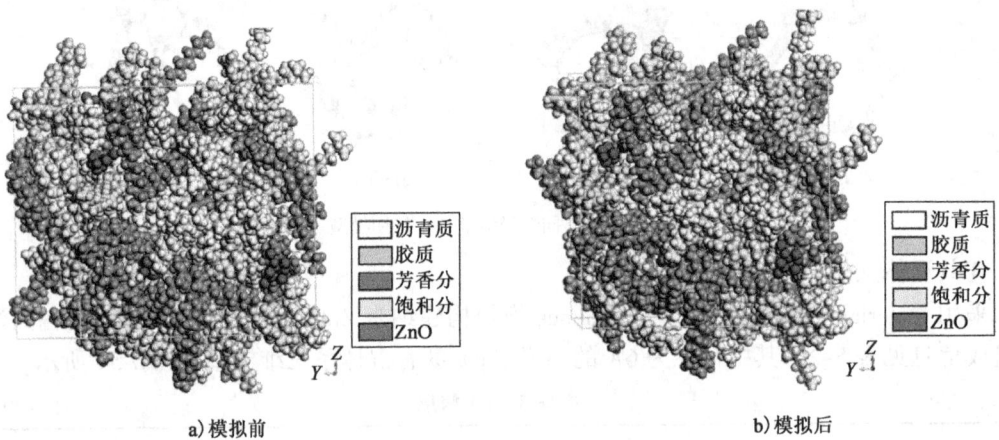

a）模拟前　　　　　　　　　　　　　　　b）模拟后

图 5-55　纳米 ZnO/沥青共混体系分子动力学模拟前后对比

④对完成分子动力学计算的体系进行模拟,并计算物理性能、MSD、回转半径等参数。

（5）结果分析

①纳米 ZnO 对共混体系相互作用能的影响

图 5-56 为各共混体系在不同温度下的非键接相互作用能、范德华相互作用能和静电相互作用能模拟计算结果。显然,对任一共混体系,静电相互作用能几乎不受温度的影响,但范德华相互作用能、非键接相互作用能则随温度的增长变化较大。对粒径为 4Å、6Å 纳米 ZnO/沥青共混体系,当模拟计算温度小于 410K 时,范德华相互作用能和非键接相互作用能随温度的升高波动较小;当模拟计算温度大于 410K 时,二者随温度的增长波动较为剧烈。当簇团粒径为 8Å 时,共混体系的范德华相互作用能和非键接相互作用能随温度的波动幅度最大。当簇团粒径为 4Å、6Å、8Å、10Å 的纳米 ZnO/沥青共混体系的范德华相互作用能和非键接相互作用能绝对值分别在温度为 423.3K、422.5K、418.3K、423.2K 时达到最大。由此可见,粒径对纳米 ZnO/沥青体系结构最稳定对应的温度影响不大,约在 150℃ 时各体系分子间相互作用能最大。通常,分子间相互作用能越大,分子结构越稳定。热力学观点认为,当纳米 ZnO/沥青体系结构破坏时需要更多的能量,可以理解为加入纳米 ZnO 后沥青结构体系变得更稳定了（关于相互作用能的定义与计算见本章 5.4.1）。

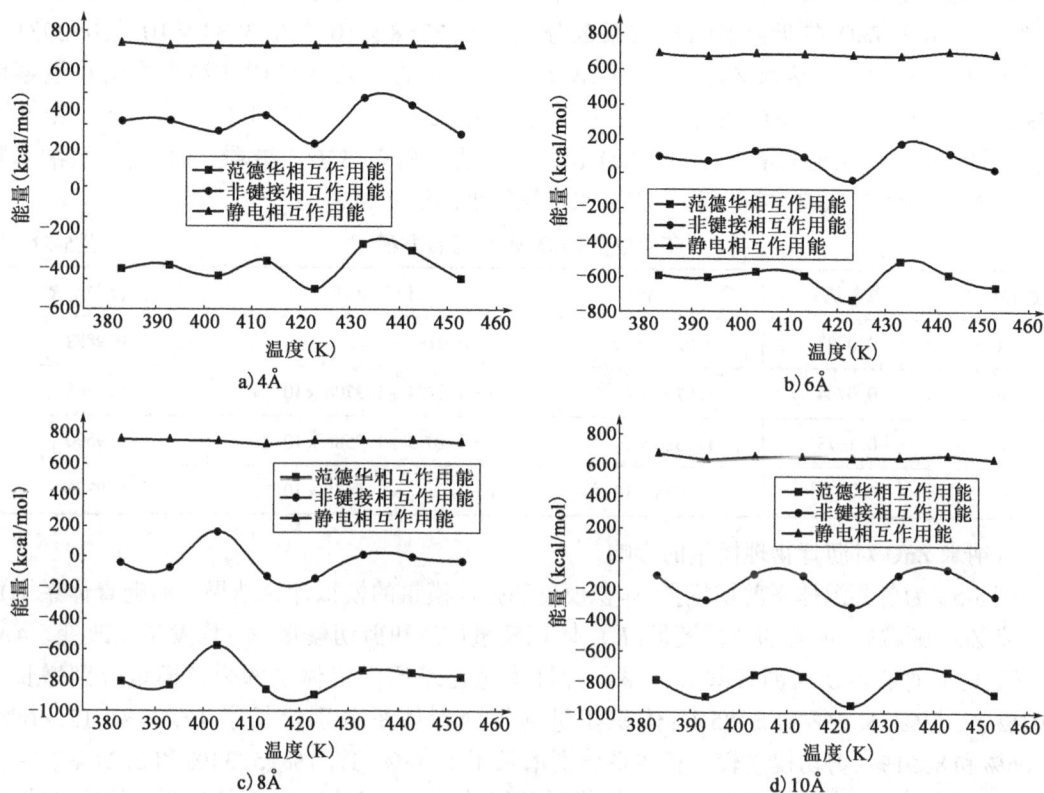

图 5-56 不同粒径纳米 ZnO/沥青体系相互作用能随温度的变化

②纳米 ZnO 粒径对扩散系数的影响

图 5-57 为不同纳米 ZnO 粒径在沥青中时间-MSD 的变化规律。

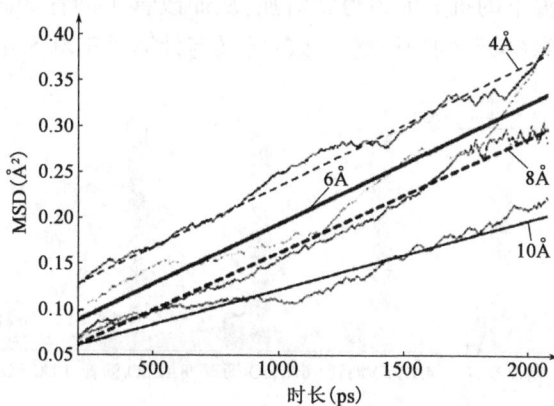

图 5-57 纳米 ZnO 粒径 MSD 随模拟时间的变化

由图 5-57 可知,不同纳米粒径 ZnO/沥青共混体系中纳米 ZnO 的 MSD 随模拟时间的延长逐渐增大,且纳米 ZnO 粒径对纳米 ZnO 的 MSD 有一定影响。

对各曲线进行一次线性拟合的拟合方程见表 5-21。根据公式可计算粒径为 4Å、6Å、8Å、10Å 时纳米 ZnO 在沥青中的扩散系数分别为 0.3368×10^{-4}、0.3284×10^{-4}、0.2931×10^{-4}、0.2580×10^{-4}。纳米 ZnO 粒径为 6Å、8Å、10Å 的纳米 ZnO 簇团在沥青中的扩散系数分别比粒径为 4Å 纳米 ZnO 在沥青中的扩散系数降低了 2.5%、12.9% 和 23.4%。由此可见,随着纳米 ZnO 粒径的增大,纳米 ZnO 粒子在沥青中的扩散能力减弱。因此,仅从纳米颗粒扩散能力角度考虑,在实际工程中应选取粒径较小的纳米材料。

不同粒径 ZnO MSD 拟合方程

表 5-21

粒径(Å)	截断值 a	斜率 b	拟合方程	拟合方差 R^2
4	0.0787	2.0206×10^{-4}	$y = 0.0787 + 2.0206 \times 10^{-4}x$	0.9888
6	0.0704	1.9706×10^{-4}	$y = 0.0704 + 1.9706 \times 10^{-4}x$	0.9761
8	0.1073	1.7586×10^{-4}	$y = 0.1073 + 1.7586 \times 10^{-4}x$	0.9590
10	0.0672	1.5478×10^{-4}	$y = 0.0672 + 1.5478 \times 10^{-4}x$	0.9873

③纳米 ZnO 对沥青物理模量的影响

图 5-58 为各共混体系剪切模量、体积模量和弹性模量的模拟计算结果。向沥青体系中加入纳米 ZnO 颗粒后,沥青的弹性模量(E)、体积模量(K)和剪切模量(G)均发生了改变。4Å、6Å、8Å、10Å 纳米 ZnO 与沥青共混体系的弹性模量比基质沥青体系的弹性模量分别增长了 2.03%、6.27%、6.5% 和 5.85%;体积模量则较沥青体系分别增长了 15.09%、12.46%、10.06% 和 8.51%;剪切模量较沥青体系分别增长了 1.33%、1.71%、5.33% 和 2.21%。由此可见,粒径大于 4Å 后的纳米 ZnO 对弹性模量的影响较小;当纳米 ZnO 粒径为 8Å 时,弹性模量增长幅度最大,此时剪切模量增长幅度也达到最大。纳米 ZnO 对沥青物理性能的改善原因在于纳米 ZnO 颗粒粒径较小,可以在沥青分子孔隙中穿越,在一定程度上起到了填充作用,增大了沥青的体积模量;同时,在一定程度上提高了沥青的剪切模量和弹性模量。而剪切模量的提升则意味着沥青在高温下的抗剪能力得到增强,从而改善了沥青的高温性能。该模拟计算结论与室内实验结果一致(关于物理模量参数的定义与计算见本章 5.4.1)。

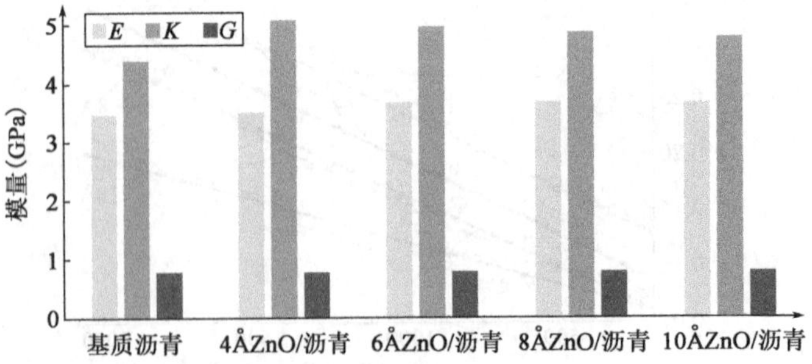

图 5-58　沥青体系与共混体系力学参数

④纳米 ZnO 对沥青分子结构的影响

取粒径为 8Å 的纳米 ZnO 簇团与沥青分子构建共混体系,研究纳米 ZnO 对沥青分子结构的影响。

a. 纳米 ZnO 对沥青各组分芳环质心径向分布函数的影响。

图 5-59 为纳米 ZnO 对沥青各组分芳环质心径向分布函数分子动力学模拟结果。不同体系的 $g(r)$ 随着原子间距的增加均趋近于 1,此为典型的非晶结构特点。未加入纳米 ZnO 时,沥青质、胶质、芳香分和饱和分体系出现第一个峰值的位置分别为 1.08Å、1.12Å、1.11Å、1.08Å;加入纳米 ZnO 后,沥青质和胶质体系第一个峰位置分别右移了 0.02Å、0.03Å,饱和分体系出现第一个峰值的位置则左移了 0.07Å,芳香分体系第一个峰值的位置未改变。未加入纳米 ZnO 簇团时,沥青质、胶质、芳香分和饱和分体系的第一个峰值分别为 41.61、29.03、24.18Å 和 41.71Å;加入纳米 ZnO 后,各体系峰值分别改变为 65.77Å、56.51Å、45.77Å 和 57.23Å,分别提高 34%、49%、48% 和 37%。峰值强度提高说明芳环在该范围内堆积密度增大,而且各体系径向分布函数在不同位置的峰值均呈现出高而尖的特点,这表明分子的有序性增强,原子之间联系较为紧密。

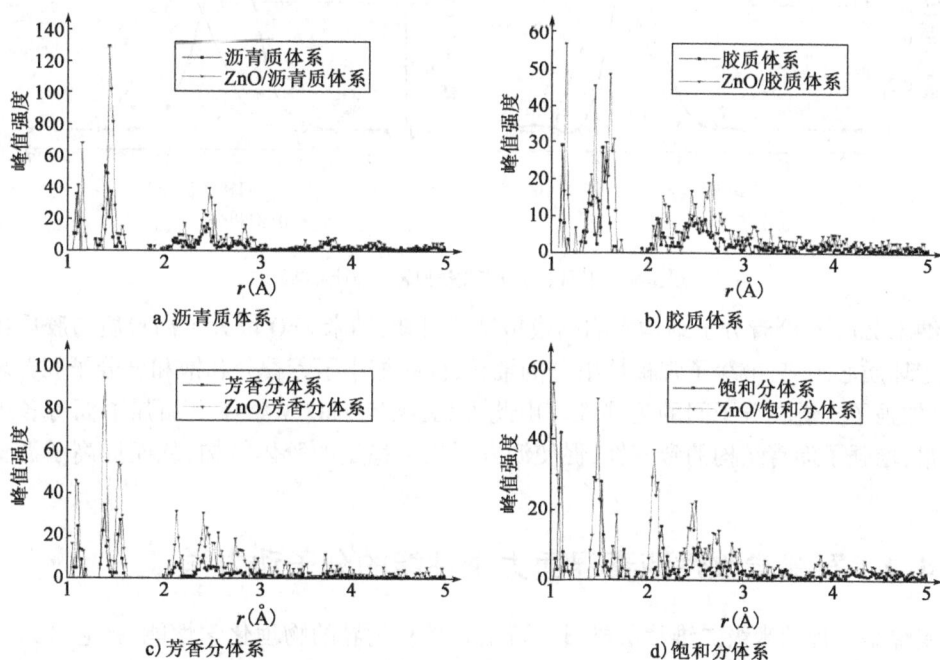

图 5-59　纳米 ZnO 对沥青各组分芳环质心的径向分布函数

b. 纳米 ZnO 对沥青各组分支链回转半径的影响。

图 5-60 为加入纳米 ZnO 前后沥青各组分代表性分子支链回转半径变化情况。未加入纳米 ZnO 时,沥青质、胶质、芳香分分子侧链和饱和分回转半径值分别在 4.32Å、5.31Å、5.75Å、4.81Å 处;加入纳米 ZnO 后,沥青质、饱和分、胶质和芳香分支链回转半径峰位分别左移了 0.66Å、0.71Å、0.21Å、0.17Å。未加入纳米 ZnO 时,沥青质、胶质、芳香分和饱和分分子支链回转半径峰宽为 1.5Å、1.9Å、2.6Å、3.0Å;加入纳米 ZnO 后,各组分支链回转半径峰宽则变为 1.6Å、1.9Å、1.62Å、2.2Å。可见纳米 ZnO 对沥青质峰宽影响较小,对胶质峰宽没有影响,对芳香分和饱和分峰宽影响较大,二者峰宽分别减小了 0.58Å、0.80Å。各组分的回转半径可以反映其致密程度,回转半径峰值左移表明体系发生了塌缩,体系致密程度增大。峰宽越小则表明

支链在空间的延展性越强,越容易包裹周围的分子。

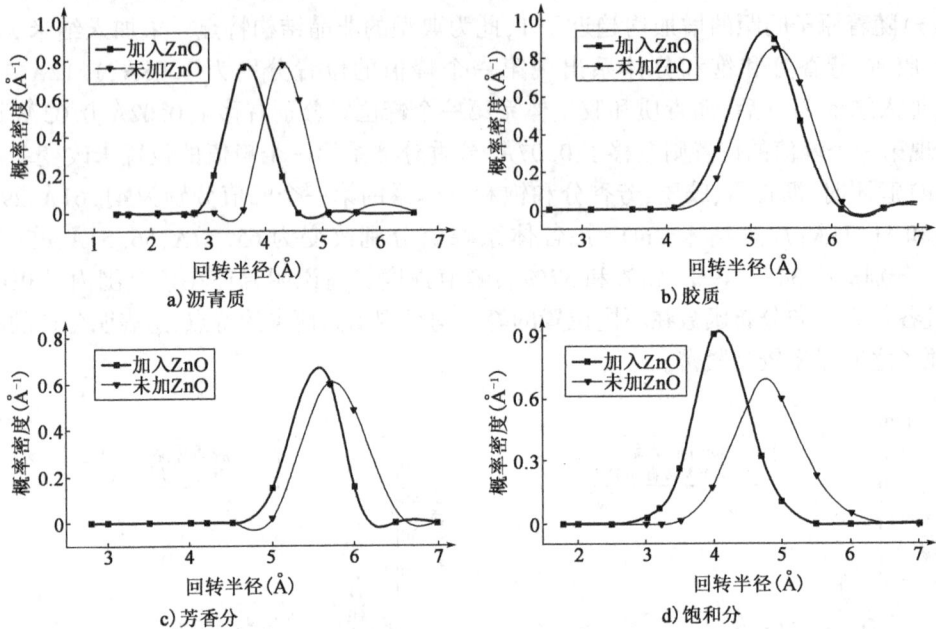

图 5-60　不同组分分子支链回转半径计算结果

由纳米 ZnO 对沥青分子结构影响的模拟结果可知,纳米 ZnO 增大了沥青质与胶质体系分子间的芳环质心距离,减缓了强极性组分的堆积,同时缩小了芳香分和饱和分分子间芳环质心的距离,加强了支链在分子间的延展性。由此可见,纳米 ZnO 从整体上加强了沥青各组分之间的交错,增强了沥青结构的致密性,促使沥青形成更稳定的胶体结构,从而提高了沥青的物理性能。

5.4.4　石墨烯改性沥青界面力学性能的分子动力学

石墨烯是一种纳米级二维片层材料。石墨烯具有优异的物理化学性能,把它加入其他材料能够重建原有微观结构并改进原有性能,因而被广泛地应用于不同工程领域。石墨烯作为改性剂能够有效提高沥青在高温、低温、抗老化方面的性能,并且能够提高沥青路面的抗变形能力、减弱车辆动荷载下的车辙效应。但石墨烯作为单纯沥青改性剂,在微观层面的稳定性取决于石墨烯与沥青间的界面关系。界面的缺陷会严重影响沥青的力学性能和破坏强度,因此在改性沥青的众多性能中,对界面力学性能的研究显得尤为关键。本示例采用分子动力学模拟方法研究石墨烯改性沥青的分离行为,探讨不同因素对石墨烯改性沥青的界面力学性质影响。

(1)分子动力学模拟方法

①模型

基质沥青模型各组分的信息见表 5-22。

基质沥青模型参数　表5-22

组分	分子名称	化学式	分子量(g/mol)	分子数量(个)
沥青质	沥青质-苯酚	$C_{42}H_{54}O$	574.89	3
	沥青质-吡咯	$C_{66}H_{81}N$	888.38	2
	沥青质-噻吩	$C_{51}H_{62}S$	707.11	3
饱和烃	角鲨烷	$C_{30}H_{62}$	422.82	4
	霍烷	$C_{35}H_{62}$	482.88	4
环烷芳香烃	过氢菲萘	$C_{35}H_{44}$	464.73	11
	二辛基环己烷萘	$C_{30}H_{46}$	406.69	13
极性芳香烃	喹啉霍烷	$C_{40}H_{59}N$	553.91	4
	硫代异壬烷	$C_{40}H_{60}S$	572.97	4
	三甲基苯烷	$C_{29}H_{50}$	414.71	5
	吡啶霍烷	$C_{36}H_{57}N$	503.85	5
	苯并噻吩	$C_{18}H_{10}S_2$	290.39	15

石墨烯单胞尺寸为 $a=0.246$nm, $b=0.426$nm, $c=3$nm, $\alpha=\beta=\gamma=90°$, 如图5-61a)所示。为建立石墨烯-沥青复合材料界面模型,石墨烯片尺寸需同沥青尺寸相近。因此,导入石墨烯单胞模型后,以 $A=16, B=10, C=1$ 的超晶胞范围(Supercell Range)建立超晶胞,并以(0 0 1)为切割面法向量进行切割,从而得到所需要的单片石墨烯表面,如图5-61b)所示。二维石墨烯片尺寸为 $u=3.935$nm, $v=4.256$nm, $\theta=90°$。然后添加1.0nm真空层将石墨烯片从二维变为三维,最后联合石墨烯与沥青建立界面模型。

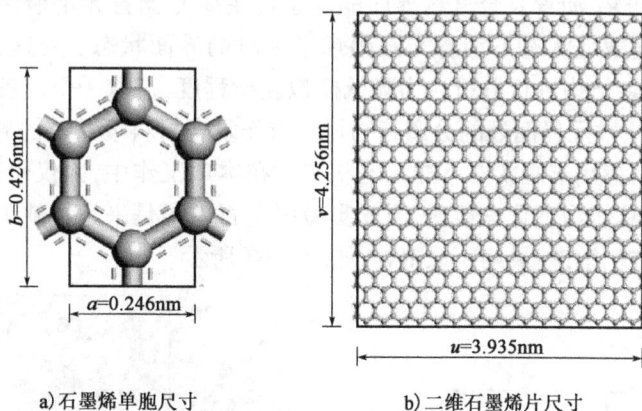

a)石墨烯单胞尺寸　　　　　b)二维石墨烯片尺寸

图5-61　模拟采用的石墨烯片参数

图中未显式标注的 a、b、c 表示三维晶胞的三个边长,分别对应 x、y、z 三个轴向; α、β、γ 为其相应夹角,分别表示 b 与 c、a 与 c、a 与 b 之间的夹角。本研究采用的石墨烯单胞为正交晶系,三角关系均为90°。二维石墨烯片的尺寸用 u 与 v 表示,分别为其在两个平面晶格方向上的长度, θ 表示它们之间的夹角。本图中 u、v 方向垂直,故 $\theta=90°$。上述参数为材料建模中的常用术语,尽管图中未显式标注,读者可结合文字说明理解其对应位置。

②力场

石墨烯与沥青之间的作用力通过力场来定义。本示例采用 OPLS-AA 力场。该力场对有机液体、生物大分子等物质有更为精确的拟合效果。OPLS-AA 力场包含了价态项和非键作用。价态项主要包括键伸缩、角弯曲、二面角扭转。非键作用由静电相互作用和 van der Waals相互作用组成。OPLS-AA 力场各种相互作用的势函数形式为

$$E_{total} = E_{bonds} + E_{angles} + E_{dihedral} + E_{non\text{-}bonds} \tag{5-35}$$

$$E_{bonds} = \sum_{bonds} k_r (l - l_0)^2 \tag{5-36}$$

$$E_{angles} = \sum_{angles} k_\theta (\theta - \theta_0)^2 \tag{5-37}$$

$$E_{dihedral} = \sum_\varphi \left[\frac{V_1}{2}(1 + \cos\varphi) + \frac{V_2}{2}(1 - \cos2\varphi) + \frac{V_3}{2}(1 + \cos3\varphi) + \frac{V_4}{2}(1 - \cos4\varphi) \right] \tag{5-38}$$

$$E_{non\text{-}bonds} = \sum_{i,j} \left[\frac{q_i q_j e^2}{r_{ij}} + 4\varepsilon_{ij} \left(\frac{\sigma_{ij}^{12}}{r_{ij}^{12}} - \frac{\sigma_{ij}^6}{r_{ij}^6} \right) \right] f_{ij} \tag{5-39}$$

式中：K_r、K_θ、V_n、φ——与键长、键角、二面角有关的经验参数。

共价键伸缩势 Ebonds 和键角弯曲势 Eangles 采用谐振子势函数，二面角扭曲势 Edihedral取 Fourier 展开式前 4 项；van der Waals 相互作用采用 Lennard-Jones 12-6 势函数，采用 Lorentz-Berthelot 混合规则计算交叉项参数；静电相互作用采用库仑势函数，当 i、j 为 1、4 时，$f_{ij} = 0.5$（表示分子间和分子内 1,4 相互作用），否则取 1.0。本示中 van der Waals 相互作用与静电相互作用的截断半径均取 1.0nm，超出 10Å 的库仑力使用 PPPM 方法进行计算。

③模拟设置

宏观状态下，石墨烯改性沥青处于非均匀状态，石墨烯随机分布在沥青基体当中，如图 5-62a）所示。石墨烯-沥青复合材料界面的复杂性主要是沥青无定形性质导致的，并且没有特定的模型来描述微观状态下沥青与石墨烯平衡时的界面状态。对这样的体系进行分析时，不可能将所有夹杂结构进行分析。为降低模拟复杂程度，需取一个代表体积单元（RVE），如图 5-62b）所示。该微元界面处的分离行为可以看作复合材料下有效的界面本构关系，实际上是以均匀的微元来替代宏观状态下非均匀状态。在本项工作中，因仅研究石墨烯改性沥青界面分离响应，无关其他物理化学性质，因此实验假定石墨烯是平坦无缺陷的，并且石墨烯与沥青基体之间不存在化学键，最终所取 RVE 如图 5-63 所示。

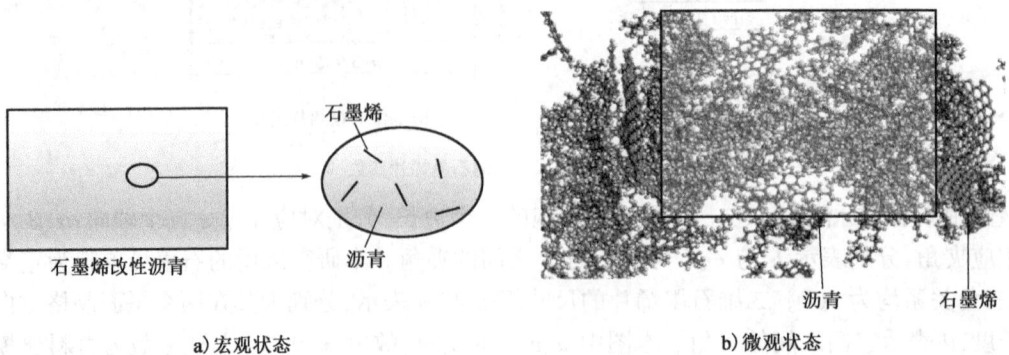

a）宏观状态

b）微观状态

图 5-62　RVE 的选取

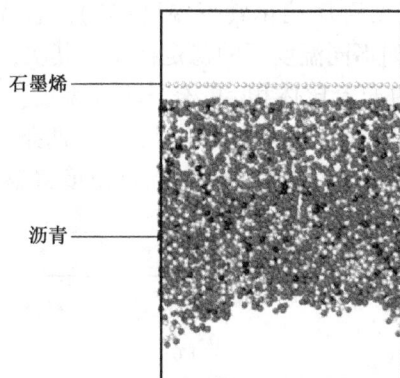

图 5-63　石墨烯改性沥青 RVE

复合材料界面黏结强度主要由拉拔实验确定,通过石墨烯与沥青分离的过程可以确定材料破坏机制。因此,在 RVE 的基础上,使用分子动力学模拟方法模拟拉拔实验,以研究原子尺度上石墨烯与沥青的分离机制。确定 RVE 以后,为了考虑除 RVE 外的其他位置的影响,模拟时在 x、y、z 三个方向均为周期性条件。运用周期性边界条件的缺点是没有足够距离实现界面脱离,因此需要在拉伸方向添加足够的真空层,本示例中在拉伸方向添加了 2nm 真空层。

建立好模型后,使用共轭梯度(Conjugate Gradient,CG)方法进行能量最小化处理。然后对模型进行足够的弛豫,弛豫时间取 500ps。为了得到模拟温度下的构型,在正则系综下使用 Nose-Hoover 恒温器进行 500ps 的弛豫。拉拔模拟时忽略石墨烯变形,因此将其设置为刚体。为避免石墨烯和沥青一同运动,需要将底部一定范围内的沥青进行固定。给石墨烯设置一个恒定速度使其向上移动,从而实现界面分离。整个分离过程记录下石墨烯所受的牵引力。通过将该牵引力除以石墨烯面积得到所需要的拉拔应力。

分子动力学模拟中,过小的时间步长会导致计算资源的浪费,过大的时间步长则会导致积分计算不稳定。最合适的时间步长是通过 NVE 系综模拟的能量波动来选定的。因此,在拉拔模拟过程中,以 1fs 的时间步长对运动方程进行积分,并选择使用阻尼系数为 10fs 的 langevin 恒温器控制体系温度。阻尼系数以时间为单位,决定着体系松弛速度。本示例选取 10fs 作为阻尼系数,这代表体系温度每 10fs 松弛一次,这样能很好地控制温度。

沥青与石墨烯建模均在 Materials Studio 中进行,并结合 LigParGen 在线网站确定沥青在 OPLS-AA 力场下的参数。另外,石墨烯力场参数采用 MATLAB 程序进行文件改写,并输入至 LAMMPS 进行运算。模型与整个界面脱离过程使用可视化软件 OVITO 进行观察。

(2)沥青的物理性质

确定模型密度是否与真实沥青接近。首先以 0.1g/cm^3 的初始密度构建沥青无定形模型。随后使用 NPT 系综($P = 1\text{atm}$,$T = 298\text{K}$)对该模型进行弛豫。弛豫过程中,随着模拟时间的延长,沥青晶胞体积缩小,分子间间隙逐渐减小,密度也因此上升。NPT 系综($T = 298\text{K}$,$P = 1\text{atm}$)下沥青密度变化如图 5-64 所示。SHRP 给出的 AAA-1 沥青的密度在常温常压下为 $1.03 \sim 1.04 \text{g/cm}^3$。本示例所得密度为 1.006g/cm^3。沥青模型与真实密度的差距是由于分子动力学模拟中仅考虑了 12 种分子类型,与真实沥青相比少了许多其他组分。密度仅相差 $0.024 \sim 0.034 \text{g/cm}^3$,属于合理范围。

采用比体积曲线方法确定沥青玻璃化转变温度(T_g)。首先,对体系进行能量最小化处理,随后使用 NPT 系综分别得到不同温度下的稳定构型。其次,取 208~478K 的温度区间,以 10K 为间隔记录 10 个温度下的沥青比体积,并绘制不同温度下比体积散点图,如图 5-65 所示。再次,利用最小二乘法确定两条斜率不同的回归方程,两条回归方程交点即所求玻璃化转变温度。最后,计算得到的玻璃化转变温度为 299K,该温度将温度-比体积曲线划分为两个区域,左侧区域比体积变化较缓,右侧区域则较大。

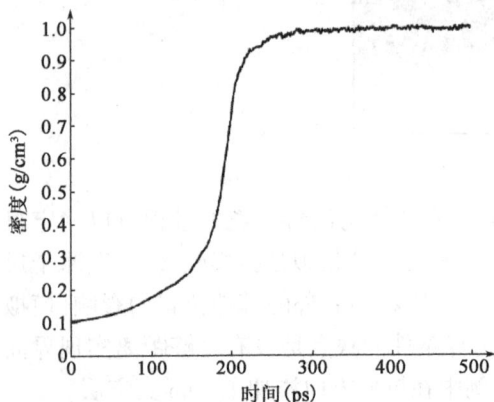

图 5-64　NPT 系综($T=298K,P=1atm$)下沥青密度变化

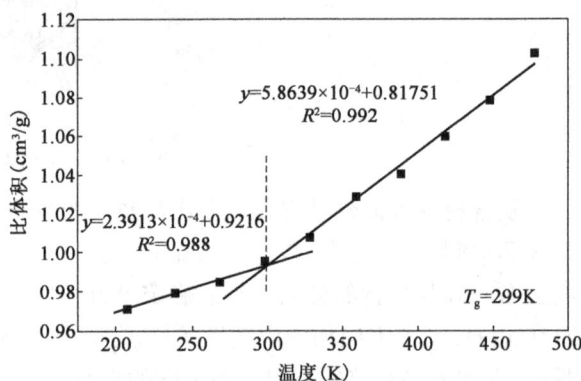

图 5-65　不同温度下的比体积散点图

(3)拉拔过程中的界面行为

①界面分离过程

为了研究石墨烯改性沥青路面的拉拔破坏形式主要是黏聚破坏还是黏附破坏,对石墨烯改性沥青-集料界面模型进行界面拉拔模拟。拉拔模拟的结果如图 5-66 所示。横坐标定义为石墨烯片向上移动的距离,纵坐标定义为石墨烯的分离应力。采用移动平均滤波法进行应力数据的收集,每 100 步(100fs)统计一次应力数据,每 5 个数据进行一次数据平均。本示例记录了温度为 298K 时的分离情况,石墨烯片移动速率为 10m/s。记录了 20 万步的分离情况,这意味着石墨烯一共移动 2.0nm 的距离。拉拔 2.0nm 后,石墨烯与沥青已完全分离破坏。a 点为初始状态,此时石墨烯片应力大于 0,这是石墨烯与沥青之间相互黏结产生的吸引力控制的。随后,随着基底向上移动,应力显著增大。曲线到 b 点($x=0.009nm$)后,达到峰值应力,随后在$[0.009nm,0.2nm]$区间内开始振荡。可以观察到此时沥青还未发生破坏,沥青间的作用力仍保持着沥青的完整性。随着位移增大,沥青与石墨烯片之间相互作用力减弱(c 点),界面应力迅速减小,开始振荡并最终减小为 0(d 点)。当温度为常温,加载速率为 10m/s 时,可以发现当石墨烯开始脱离沥青基体时,沥青先被拉伸,之后内部出现微小空隙,但这些空隙并未引起沥青基体内部结构失效。随着石墨烯片远离沥青,而不对其产生作用力时,此时定义为复合材料的破坏。因此在 10m/s 加载下,沥青与石墨烯界面破坏的机制是界面黏结破坏,而非内聚破坏。

②内聚规律

模拟得到的应力-位移曲线与准脆性材料的内聚区模型(CZM)所给出的黏结规律相似。CZM 是对沥青破坏机制参数化的一种模型,对于描述沥青的破坏机制给出了详细解释。理想的 CZM 将材料断裂限制在两个零厚度的界面之间,其余区域是没有破坏的。作用在裂纹上的牵引力随界面的分离距离而产生非线性变化,这与本示例所得结果一致。因此,可以将分子动力学模拟所得规律同跨尺度模型结合在一起进行考虑。

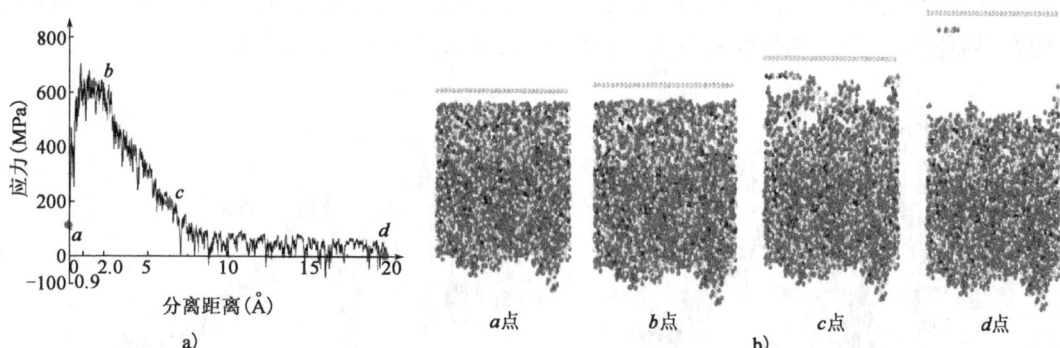

图5-66 石墨烯改性沥青的界面分离响应

CZM 可以采用线性、双线性、梯形、光滑梯形、指数等不同的方法来描述。本示例选取指数模型进行非线性拟合,因为这一模型与实验数据贴合较好,且能更好地反映峰值点过后软化过程。以应力最大值点 σ_c,以及发生最大应力时的分离距离 x_c 作为参数进行设置,函数模型如下:

$$\sigma = \sigma_c \left(\frac{x}{x_c} \right) \exp \left(1 - \frac{x}{x_c} \right) \tag{5-40}$$

图5-67 给出了常温常压下($T = 298\text{K}, P = 1\text{atm}$)使用分子动力学模拟所得的结果,以及使用指数 CZM 拟合所得的曲线。拟合后得到应力在分离距离为 0.1662nm 时达到最大值,即 647.95MPa。可以发现,指数 CZM 与分子动力学模拟所得数据吻合较好。内聚规律认为,界面破坏发生在界面应力达黏结强度时。在达到峰值后,沥青进入软化状态。随着损伤的累积,界面应力逐渐降低,并减小至 0。

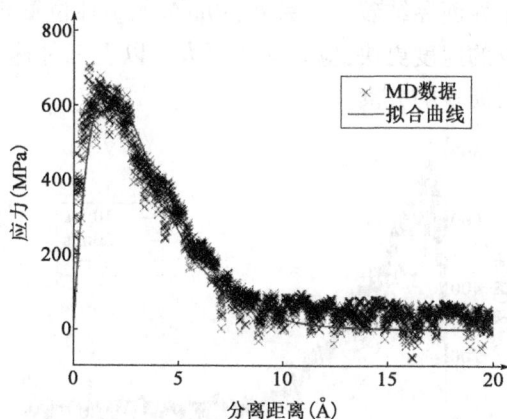

图5-67 拟合分子动力学数据得到的 CZM

特别地,内聚规律其实是一种不可逆的规律。内聚规律表现在加载—卸载—再加载这一过程中,再加载后所达到的界面应力值无法达到初次加载时的界面应力。这一过程用分子动力学模拟所得结果如图 5-68 所示。图 5-68a)给出了在未达到界面峰值应力之前进行卸载的过程,可以看到,再加载时峰值应力与初加载时的应力相近。图 5-68b)展示在达到界面峰值应力之后进行卸载的过程,可以发现,再加载后无法达到原有的峰值应力。这意味着沥青内部结构在界面应力达到黏结强度后发生了损伤,损伤导致其无法再保持原有强度。

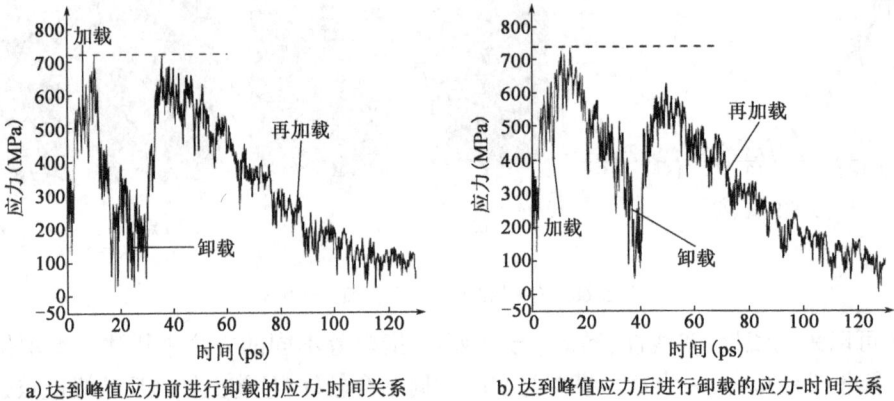

a) 达到峰值应力前进行卸载的应力-时间关系   b) 达到峰值应力后进行卸载的应力-时间关系

图 5-68   内聚规律

③不同加载速率下的界面行为

对于宏观状态下的沥青路面,由于其在工作过程中所受力的大小不一样,有必要讨论不同加载速率对破坏机制的影响。考查 10m/s、20m/s、30m/s 等三种加载速率的影响,即在每一步($t = 1fs$)石墨烯片分别移动 1×10^{-5}nm、2×10^{-5}nm、3×10^{-5}nm 的情况下,石墨烯改性沥青的破坏过程。

图 5-69 给出了不同加载速率下的应力-位移曲线图。结果表明,低速率下(10m/s),即使在对数据进行移动平均处理后,曲线振荡也较为明显。这主要是因为低速率拉拔时,仍然有部分沥青黏结在石墨烯上,并且在应力达到峰值后,有较长一段的分离过程,属于延性破坏。而在高速率(20m/s 和 30m/s)下,曲线基本没有波动,到达一定位置界面应力就下降为 0,这意味着界面的彻底破坏,属于界面黏结破坏。另外,30m/s 的破坏位置相较于 20m/s 的破坏位置更为提前,并且到达峰值点的速度更快,应力峰值更大。以上三种速率加载时,均为界面黏结破坏,即破坏时是石墨烯与沥青的分离。

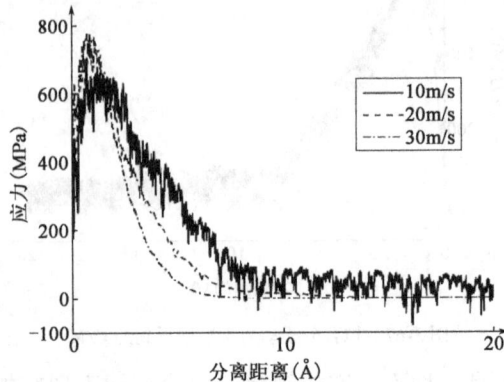

图 5-69   不同加载速率下的应力-位移曲线图

进一步考虑更低加载速率时石墨烯改性沥青的破坏情况,取 5m/s 的加载速率。图 5-70 展示了石墨烯改性沥青的破坏过程。从图中可以看到,低速率下所测得的最大拉伸应力会降低,且应力-位移曲线振荡幅度更加显著。这是由于石墨烯位移的增加使得沥青内部空隙逐渐增多,其余未破坏部分的沥青热运动就更加显著,从而大部分沥青产生较大的蠕变变形,并且黏附在石墨烯片上的沥青比高速率下黏附的要更多。不同于高速率下的界面黏结破坏,低速率下的拉拔破坏为更严重的内聚破坏。

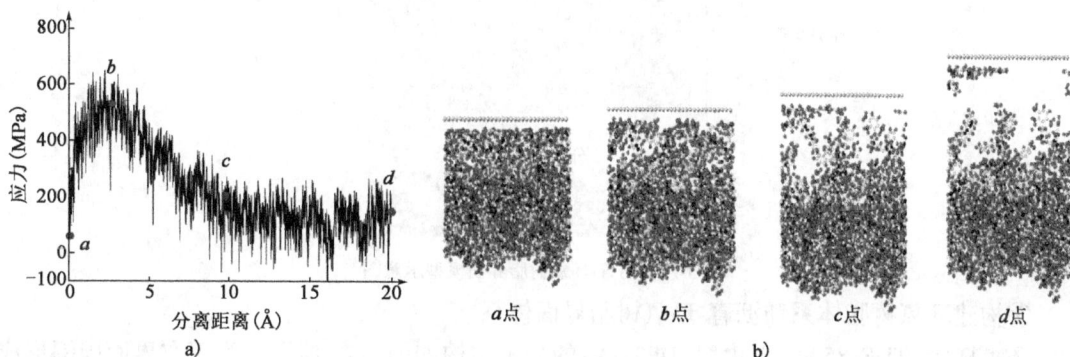

图 5-70　低加载速率下(5m/s)的应力分离响应

5.4.5　环氧沥青分子动力学

环氧沥青是一种通过精确组分和相态设计,经化学反应形成的多组分互穿网络三维立体结构热固性材料,兼具环氧树脂和沥青两种材料的优点,是一种具有高强度、高黏结力、高柔韧性的新型路面防水、铺装的复合材料。因此,采用环氧树脂作为沥青的改性剂而得到的环氧沥青也具一定的有热固性,沥青被束缚在交联网络中,从而从根本上改变沥青所固有的热塑性行为。在环氧沥青体系的微观结构中,连续相为热固性的环氧树脂,分散相为热塑性的基质沥青。在热力学上,环氧树脂可以看作一种热固性材料。在作为桥面铺装材料时,与普通的基质沥青相比,环氧沥青具有更高的耐高温性能。

(1)沥青-环氧树脂界面分子建模

已有大量研究使用分子动力学模拟来研究再生剂扩散到沥青中。同样,本示例用环氧树脂代替再生剂构建沥青-环氧树脂界面模型,以研究环氧树脂材料在沥青中的扩散行为。图 5-71 所示为沥青-环氧树脂界面模型示意图。沥青-环氧树脂界面的差异由界面附近环氧树脂的分子链决定。伴随着固化现象产生,环氧树脂和固化剂分子发生反应并形成更大的分子片段。因此,较大分子链段的变化在一定程度上可以表示交联差异。

环氧树脂在微观尺度上被视为均质物质。由于远距离相互作用较弱,远离界面的分子对界面形成的作用很小。本示例通过创建可能的交联链段的不同组合来表征固化度对环氧树脂和沥青之间界面性能的影响。本示例使用了四种环氧树脂系统,重点突出了界面附近的片段特征。因为关注重点是界面,所以环氧树脂系统的这种简化是合理的,并且可以节省大量计算时间。

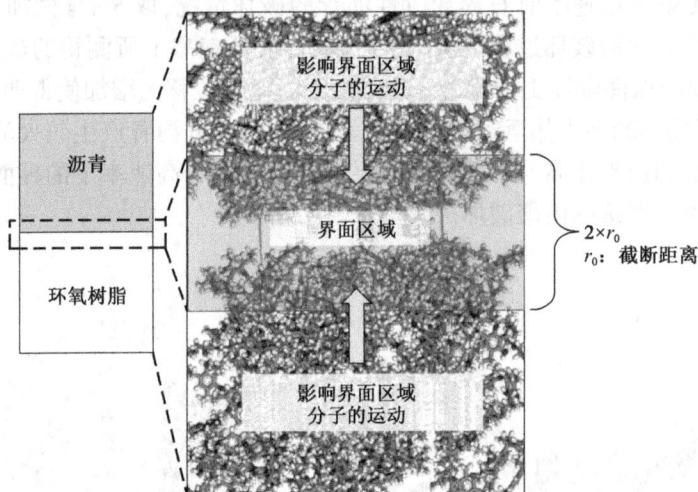

图 5-71　沥青-环氧树脂界面模型示意图

①构建环氧树脂体系和沥青-环氧树脂界面体系

环氧树脂(TDE-85)和固化剂(DETDA)的分子结构如图 5-72 所示。为了在界面周围形成环氧树脂的分子段,假设所有潜在的反应同时发生,并且可能性相等。从根本上讲,反应发生是由于 TDE-85 中的 C—O 键和 DETDA 中的 N—H 键断裂,形成 C—N 共价键。每个 TDE-85 分子有 2 个环氧基团,每个 DETDA 分子有 4 个反应性氨基位点。因此每个 DETDA 分子最多可以与 2 个 TDE-85 分子反应。

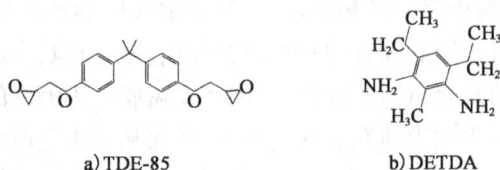

a) TDE-85　　　　　　　b) DETDA

图 5-72　环氧树脂和固化剂的分子结构

图 5-73 显示了环氧基和氨基之间六个可能的交联段。因此,将六种可能交联片段混合起来代表界面附近的分子片段。在此定义了反应度,反应度的概念是交联和未交联基团之间的基团数量之比。它可以用方程式进行数学描述,即

$$RD = \frac{N_{\text{cross-linked}}}{N_{\text{TED}} + 2 N_{\text{DETDA}}} \times 100\% \tag{5-41}$$

式中：　RD——反应度;

$N_{\text{cross-linked}}$——环氧基和氨基之间的交联对数;

N_{TDE}、N_{DETDA}——TDE 和 DETDA 分子的数量。

根据方程式,可计算六个可能交联片段的反应度,见表 5-23。

六个可能片段的反应度　　　　　　　　　　　　　表 5-23

片段	A	B	C	D	E	F
RD(%)	0.33	50	40	50	60	66.7

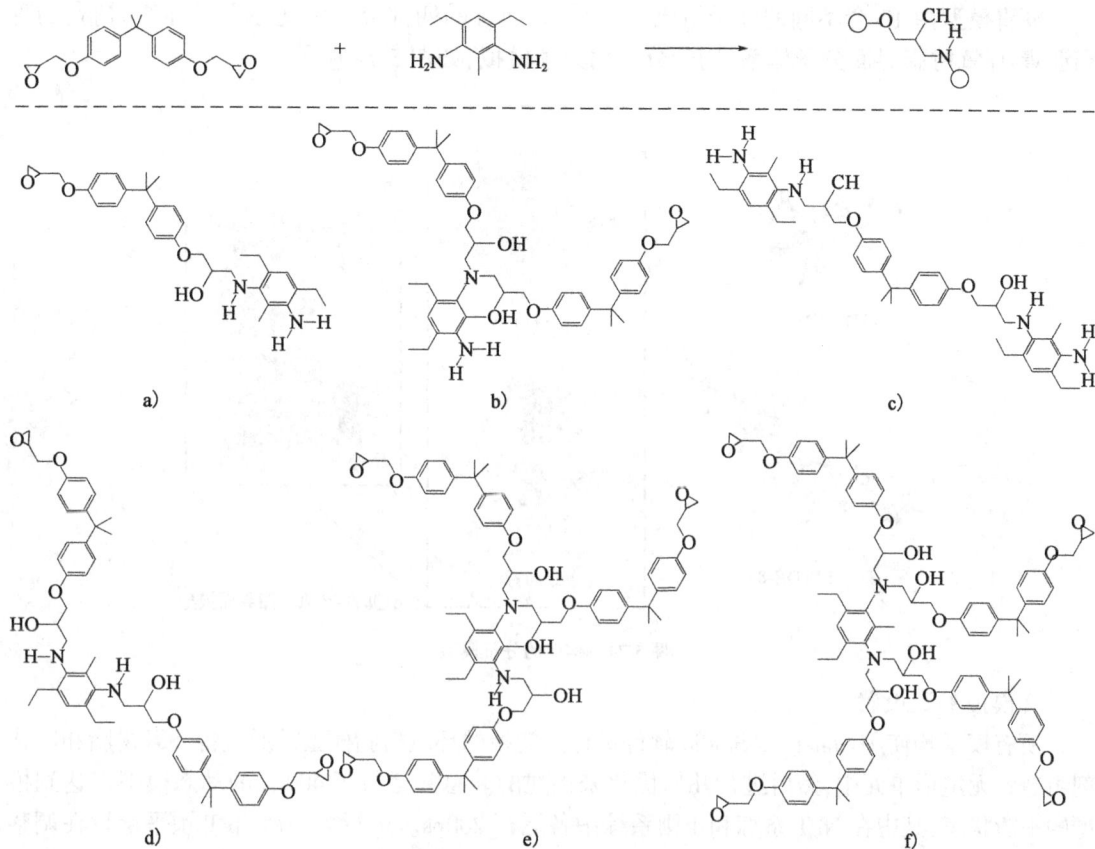

图 5-73　交联反应的 6 个可能分子片段

表 5-24 显示了四种不同的环氧树脂模型,标记为 Ⅰ ~ Ⅳ。可以看出,从模型 Ⅰ 到模型 Ⅳ,反应度呈现出增大的趋势,可以说明反应度对沥青和环氧树脂之间界面性能的影响。模型 Ⅱ 和模型 Ⅲ 具有近似的反应度,但在平均分子量上表现出显著的差别。模型 Ⅰ 具有最低的反应度和平均分子量。

代表不同反应度的分子片段的混合物　　　　　　　　　　　　　　　表 5-24

环氧树脂模型	分子式	Ⅰ	Ⅱ	Ⅲ	Ⅳ
TDE	$C_{21}H_{24}O_4$	52	14	3	0
DETDA	$C_{11}H_{18}N_2$	29	3	4	0
A	$C_{32}H_{42}N_2O_4$	1	1	3	0
B	$C_{53}H_{66}N_2O_8$	3	0	3	0
C	$C_{43}H_{60}N_4O_4$	2	14	40	100
D	$C_{53}H_{66}N_2O_8$	4	0	7	0
E	$C_{72}H_{90}N_2O_{12}$	5	1	3	0
F	$C_{95}H_{114}N_2O_{16}$	4	17	0	0
平均分子量		429.25	858.49	687.74	696.47
分子数		100	50	63	100
反应度(%)		9.97	35.07	36.21	40.00

沥青模型由 12 个不同的分子组成,分别代表沥青的四部分。由此建立了环氧树脂、沥青和沥青-环氧树脂界面分子体系,用于分子动力学模拟,如图 5-74 所示。

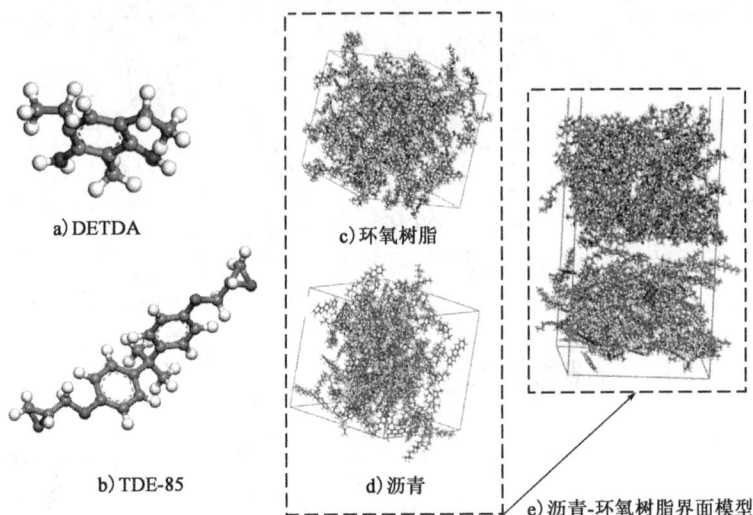

a)DETDA

b)TDE-85

c)环氧树脂

d)沥青

e)沥青-环氧树脂界面模型

图 5-74　构建的分子模型

②模拟参数设置

所有模拟均使用 Materials Studio 软件进行。初始的环氧树脂模型是通过将环氧树脂和固化剂组装到无定形单元中,然后进行几何优化来构建的。总共运行了 400ps 的动态模拟以达到模型的平衡状态,其中在 NPT 系综和正则系综中各运行 200ps。运行第一次 NPT 预平衡旨在调整整个结构,以达到稳定的密度和体积;运行第二次 NPT 平衡收集统计和动态轨迹信息以供进一步分析。因为研究对象是冷拌环氧沥青,所以模拟温度固定在 298K。系统温度和压力分别使用 Nose-Hoover 恒温器和 Berendsen Barostat 恒压器来控制。施加 3D 周期性边界条件以避免受人为表面效应影响。COMPASS II 力场描述了原子相互作用。时间步长设置为 1fs。使用 Materials Studio 软件构建环氧树脂和沥青 Amorphous Cell 受限模型及环氧树脂-沥青界面模型,将两个受限模型合并用于相间研究。环氧树脂-沥青界面模型使用了相同的参数设置。

为了获得合理的模拟结果,需要对模拟模型和参数进行验证。在构建模型方面,沥青模型源自现有的研究文献,并在类似研究中被广泛采用。至于环氧树脂模型,要强调环氧树脂的主要特性,但这些特性在固化过程中可能会发生变化。因此,对于本示例特定的研究目的,所构建的模型都是合理的。在模拟参数设置方面,分子动力学模拟主要关注的是模拟时间是否充足。图 5-75 显示了不同反应度沥青-环氧树脂界面模型的势能随时间的变化。可以发现,由于先进行了沥青和环氧树脂分离的预平衡,整个系统可以在短时间内达到平衡状态。因此,模拟时间足以进行动态仿真。

(2)基于分子动力学模拟的环氧树脂性能研究

①能量组分

不同环氧树脂模型的能量组分如图 5-76 所示。可以发现,价电子能和势能占总能量的比重很大,而范德华能和静电能所占的比例很小。范德华能和静电能都是弱相互作用力,与键能相差 1~2 个数量级。因此,价电子能和势能占总能量的 80% 以上。比较这些模型,范德华能和势能是相同的。这4个模型之间的显著变化在于静电能的增加和价电子能的减少。不难理解，随着反应度增加，价键相应增加，导致价能也增加。至于静电能，静电相互作用分别包括伦敦色散力(瞬时感应偶极子)、德拜力(一个永久偶极子和一个相应的感应偶极子)和科梭姆力(两个永久分子偶极子)。在本示例中，环氧树脂中的静电相互作用归因于高极性分子对的瞬时感应偶极子。正如预期的那样，反应度的增加会诱导更多的高极性分子，导致静电能的比例增加。

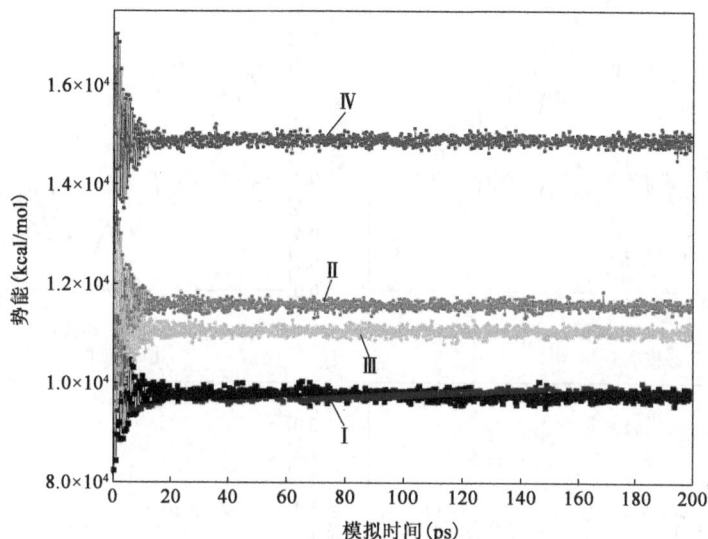

图5-75　不同反应度沥青-环氧树脂界面模型的势能随时间的变化

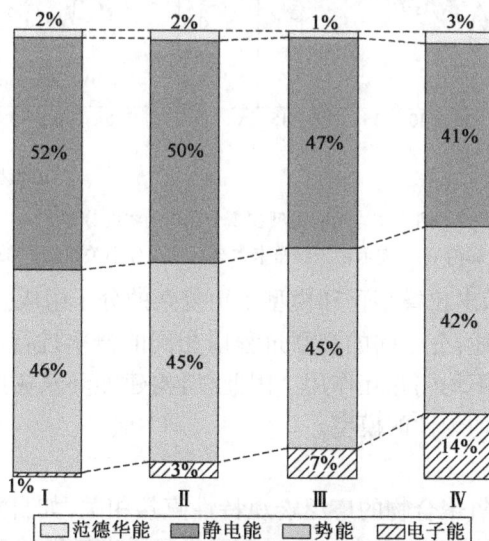

图5-76　不同环氧树脂模型的能量组分

②浓度分布

图5-77显示了不同模型在3个方向上的浓度分布。浓度分布描述了分子密度或浓度在特定方向上的分布，提供了有关特定分子混合物的分子分布或团簇现象的信息。由于模型是基于周期性边界条件构建的，理想的各向同性结构应该在3个方向具有相似的浓度分布，尤其

是在（0 1 0）和（1 0 0）方向上。模型Ⅳ显示 3 个方向的浓度分布具有较高的一致性，其他依次是模型Ⅰ、模型Ⅱ和模型Ⅲ。在（0 0 1）方向上观察到的变化可能归因于周期性边界效应。模型Ⅳ完全由 100 个 C 链段组成，因此在 3 个方向上表现出高度的同步性。尽管模型Ⅰ混合了所有部分，但 TDE 和 DETDA 是模型Ⅰ的主要成分，显示出相对均匀的分子分布。

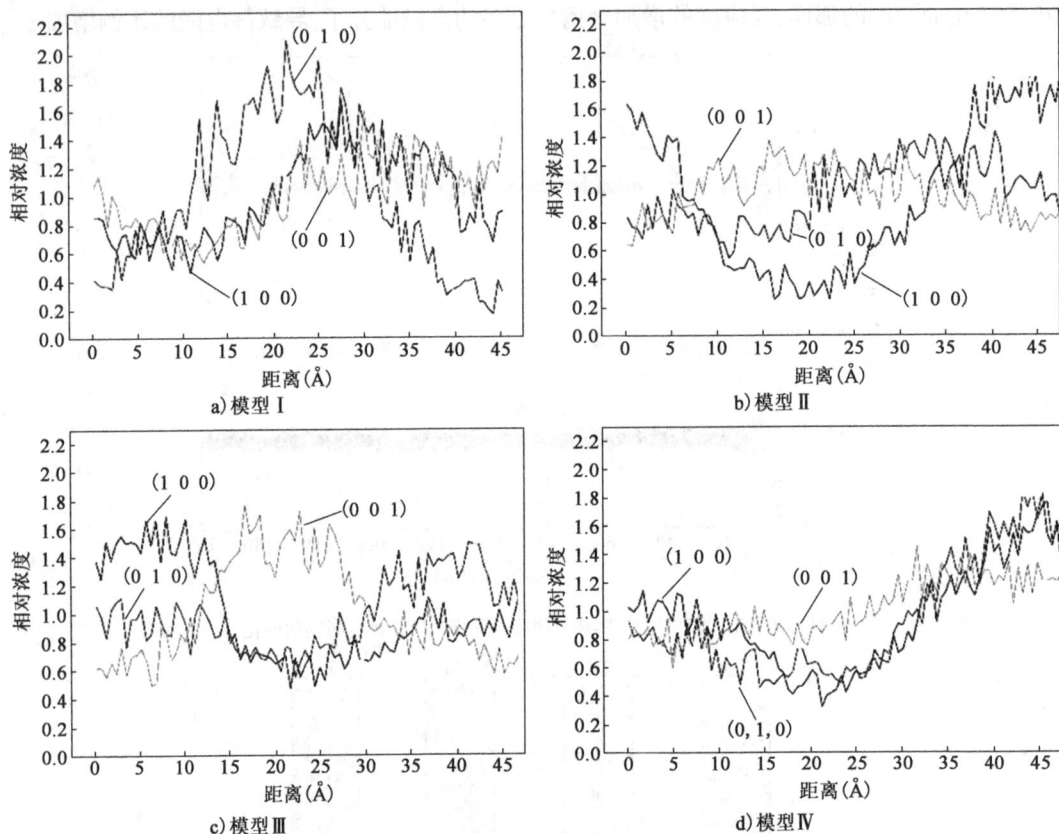

图 5-77　不同模型在 3 个方向的浓度分布

注：（0 0 1）、（0 1 0）和（1 0 0）表示在三维笛卡尔坐标系中分别关联 z、y 和 x 方向的米勒指数。

同样，模型Ⅱ和Ⅲ显示出比模型Ⅳ和模型Ⅰ更复杂的分子组成。因此，浓度分布在 3 个方向上明显不一致。如前所述，分子间的交联过程以相同的概率进行。不同链段的形成是由于环氧树脂和固化剂之间的不均匀相互作用。因此，所构建的环氧树脂模型在一定程度上可以代表微观下 4 个具有不同均匀性的模型。

③自扩散

分子的运动能力与环氧聚合物的广泛宏观特性直接相关，如自愈能力、黏度和扩散行为。图 5-78 显示不同环氧树脂模型计算的 MSD。模型Ⅲ显示出最高的 MSD 值，其次是模型Ⅱ、模型Ⅰ和模型Ⅳ。根据表 5-24，从模型Ⅰ到模型Ⅳ，4 个研究的环氧树脂模型的分子数分别为 100、50、63 和 100。因此，分子数越少，分子的运动空间就越大。虽然模型Ⅱ只有 50 个分子，比模型Ⅲ少，但模型Ⅱ的平均分子量比模型Ⅲ大得多。因此，由于分子数和平均分子量的耦合效应，模型Ⅲ具有较大的 MSD 值。比较模型Ⅰ和模型Ⅳ，模型Ⅰ的平均分子量较小。因此，模型Ⅰ的 MSD 值略高于模型Ⅳ的 MSD 值。

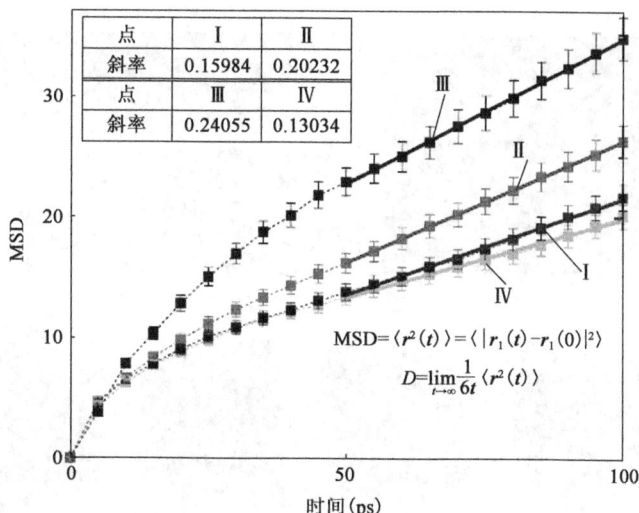

图5-78　不同环氧树脂模型计算的 MSD

平衡状态下 MSD 曲线的斜率可以表示为自扩散能力的指标，如图5-78 所示。对 MSD 曲线从 50ps 到 100ps 进行线性回归。可以发现自扩散的顺序是Ⅲ > Ⅱ > Ⅰ > Ⅳ。这个排序与 MSD 值的比较结果相一致。自扩散分析表明了 4 个环氧树脂模型中分子运动状态的变化情况，这将进一步与沥青-环氧树脂界面分析相关联。

（3）沥青-环氧界面模型的模拟结果

对沥青-环氧树脂界面模型进行分子动力学模拟，从模拟结果中提取的浓度分布可以表征微观角度下的界面，如图5-79 所示。由图5-79 可以发现，沥青和环氧树脂之间的黏附是原子尺度上的界面重叠。此外，可以在重叠区域观察到氢键。因此，沥青和环氧树脂之间的黏附机制可以总结如下：

①在原子尺度上，沥青和环氧树脂相互渗透。此过程主要归因于与界面附近的沥青和环氧树脂的材料特性相关的分子运动。

②分子键合力由两部分组成：一种是重叠区域分子之间的范德华力，另一种是特定原子之间氢键的形成。

③用各种环氧树脂模型构建的沥青-环氧树脂界面模型显示出不同的重叠距离。模型Ⅰ的重叠距离最短，其次分别是模型Ⅲ、模型Ⅱ和模型Ⅳ。

进行相关性分析以鉴定环氧树脂对沥青-环氧树脂界面性能的影响，见表5-25。其中，超过 0.7 的皮尔逊相关系数用星号"＊"标记。

环氧树脂特性和相间距离的相关性结果　　　　　　　　　　　　　　表5-25

相关性	AMW	MN	RD	EEC	DC	ID
AMW	1.00	—	—	—	—	—
MN	−0.75＊	1.00	—	—	—	—
RD	0.84＊	−0.43	1.00	—	—	—
EEC	0.28	0.30	0.72＊	1.00	—	—
DC	0.33	−0.81＊	0.19	−0.37	1.00	—
ID	0.89＊	−0.45	0.99＊	0.69	0.13	1.00

注：AMW-平均分子量；MN-分子数；RD-反应度；EEC-静电能成分；DC-扩散系数；ID-相间距离。

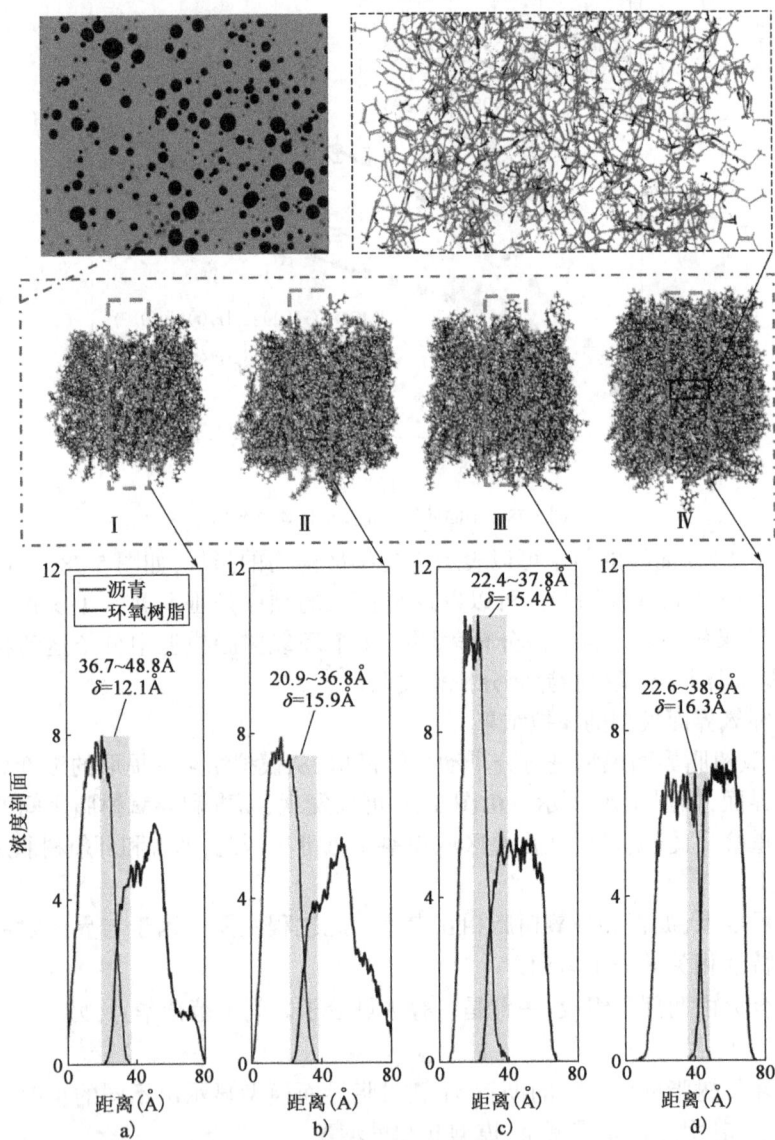

图 5-79　不同沥青-环氧树脂界面模型的相间距离

反应度与静电能成分相关,系数为 0.72。如前所述,交联反应诱导更多具有高极性的分子,导致静电能成分也增加。平均分子量与分子数、反应度、相间距离相关,皮尔逊相关系数分别为 −0.75、0.84 和 0.89。反应度和平均分子量之间的相关性如预期。随着反应的进行,小分子会聚集在一起,形成更大的分子,致使环氧树脂的物理和化学性质发生相应的改变。因此,可以得出结论:在所有相关指标中,平均分子量与其他指标的相关性最大。另外,固化过程主要改变平均分子量。根据表 5-25,相间距离与平均分子量呈正相关。平均分子量的增加归因于固化反应。随着固化反应的进行,相间距离增大,表明沥青和环氧树脂之间的相容性更好。这一结论可以通过相间距离与反应度之间的高相关系数(0.99)进一步证实。

5.5 沥青-集料黏附性计算

沥青混合料是由沥青相、集料相和沥青与集料间的界面相构成的复合材料。除了沥青和集料本身的性能对沥青混合料性能的影响,两者的界面性能也十分重要。沥青与集料间的黏附性正是影响界面性能的重要因素,增强两者间的黏附性可以降低松散、剥落、坑槽等病害产生的频率和程度。因此,充分掌握沥青与集料的黏附机理尤为重要,这有利于指导筑路材料选用及提高沥青路面综合性能。

目前,国内外主要基于五种理论来探究沥青与集料的黏附性及其黏附机理,分别是分子定向理论、力学理论、静电理论、表面能理论和化学反应理论。其中,分子定向理论认为,沥青与集料会黏附在一起是因为沥青的分子构成中有极性成分;力学理论认为,沥青与集料间分子的较强相互作用力保证了两者间的黏附性;静电理论认为,沥青与集料相接触时所产生的静电引力导致了沥青与集料黏附在一起;表面能理论认为,沥青和集料由于表面的能量交换产生了吸附作用;化学反应理论认为,在沥青与集料间发生化学反应产生了新键,导致两者相互吸附,如酸碱中和反应。

基于以上五种黏附理论,近年来国内外研究者以各种新思路,采用各种新技术来探究沥青与集料的黏附性。例如,王威娜等将沥青与集料间的黏附性的评价方法总结为以下四种。

(1)力学拉伸实验评价体系

该体系主要是通过力学拉伸实验测得拉伸强度或剪切强度来间接表征沥青与集料间的黏附强度。例如,王璐通过拉拔实验测得了沥青和集料界面发生破坏时的拉应力作为界面强度,并以界面强度为评价沥青与集料黏附性的指标;王鹏等对拉拔实验装置进行改进后测得拉拔力、剥落率等指标来探究沥青与集料的黏附性,同时,考虑了不同集料、集料和实验温度以及浸水时间对黏附性的影响程度。

(2)沥青剥落评价体系

通常对沥青包裹的集料施加荷载后会造成沥青从集料表面剥落的现象,该评价体系以沥青从集料上脱落的程度来评价沥青与集料的黏附性。该评价体系大致可以划分为定性分析法和定量分析法两种。其中,定性分析法主要包括水煮法、水浸法以及动态冲刷水浸法。例如,韩维权利用水煮法评价了不同种类的集料和沥青的黏附性。定量分析法主要有溶剂洗脱法、SHRP 净吸附法、光电比色法、图像处理剥落率法等。例如,王鸽等通过水浸法和 SHRP 净吸附法研究了沥青和集料界面黏结性,建立了新型沥青与集料黏结性能的检测方法和不同集料的黏附性等级表。

(3)表面能评价体系

该评价体系以表面理论为基础,用沥青与集料间自由能作为评价两者黏附性的指标。用于测定沥青表面能的方法有毛细管法等,用于测定集料表面能参数的方法有躺滴法等。目前,原子力显微镜测试也被用来研究沥青与集料的表面形态与结构、量化两者间的表面能,从而解释沥青与集料间的黏附机理。例如,庞骁奕利用原子力显微镜实验收集沥青与集料表面微观构造信息后,计算分析两者的表面能发现沥青的表面能均低于集料,同时发现砂岩的表面能最大,石灰岩次之,花岗岩最小。

（4）黏附疲劳评价体系

该评价体系通过测定沥青与集料的黏附疲劳失效寿命来表明两者间的黏附性。黏附疲劳失效寿命的测定方法通常由拉伸实验法和动态剪切法构成。两种实验方法主要是实验中的试件类型和加载方式的不同。

本章首先利用 Materials Studio 软件在分子水平上进行集料分子模型的构建及沥青分子模型的构建,并验证模型的准确性。然后,构建出沥青-集料界面模型并进行分子动力学模拟。最后,对模拟后得到的相互作用能及沥青在集料表面的分布规律进行分析,以研究黏附性规律,并与实体实验结果相对比。

5.5.1 模拟方案

对于集料与沥青黏附情况的模拟,主要通过对集料-沥青界面模型进行分子动力学模拟实现,以相互作用能及沥青在集料表面的分布情况进行表征。分子动力学模拟流程如图 5-80 所示。

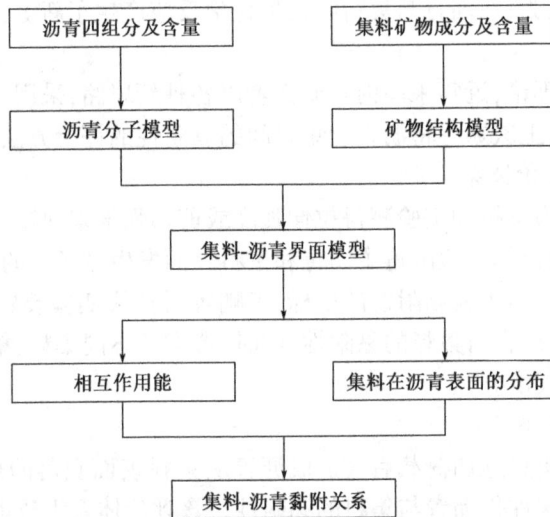

图 5-80 分子动力学模拟流程

集料与沥青黏附关系的分子动力学模拟通过 Materials Studio 软件实现,主要利用软件中的 Amorphous Cell 模块及 Forcite 模块实现。

（1）Amorphous Cell 模块

Amorphous Cell 模块主要用于完成集料和沥青模型的构建。该模块采用蒙特卡罗方法搭建材料模型,它可用于搭建具有多种组分及不同配比的共混模型等。在道路工程领域,该模块主要用于构建沥青、集料与各种改性剂的分子结构模型。

构建沥青分子模型时,根据沥青四组分模型及对应分子数量进行构建。构建集料结构模型时,根据集料中各矿物成分含量进行构建。

（2）Forcite 模块

Forcite 模块主要用于分子动力学模拟。该模块采用分子力学方法快速地计算体系能量,并对于分子及周期性体系进行几何优化,得到能量最小化构型。该模块主要用于对新建的大分子复杂虚拟模型进行快速能量计算,并在保持合理结构的同时进行几何结构优化,以保证体系能量最小,并运行各类力场下的动力学计算。

分子动力学模拟时,利用 Forcite 模块中的 Geometry Optimization 进行结构能量最小化,利用 Dynamics 进行分子动力学模拟,利用 Energy 进行体系能量的进一步计算。

5.5.2 模拟条件及参数设定

对于边界条件,模拟时采用周期性边界条件。在周期性边界条件下,通过最近镜像法计算原子间作用力。在计算边界附近粒子与其他粒子的交互作用时,不仅考虑了边界内部粒子的作用,还考虑了在边界外的镜像粒子的作用。这相当于将原有的体系放大到了无限大,消除了边界效应,以最大限度地接近实际情况。

对于系综,模拟时选用正则系综。正则系综控制系统内的粒子数、体积恒定,温度控制为设定温度。正则系综可以保证系统在体积稳定的情况下,温度迅速达到指定值,防止能量差异点产生。

对于模拟步长,其设定决定了模拟所耗费的时间和模拟结果的准确性。模拟步长越小,结果的准确性越高;模拟时间越长,则准确性越差。此外,模拟步长参数值的选用还取决于能量变化梯度,当体系不稳定时,步长参数设置过大可能会导致粒子位移过大,从而使得运算出错。因此,模拟步长选取的原则应当在满足计算准确性、保证体系能量稳定性的基础上尽可能节省计算时间。本示例设置的模拟步长为 1fs,总时长为 0.5ps。模拟时能量的变化处于较为稳定的状态,且满足计算准确性的要求,如图 5-81 所示。

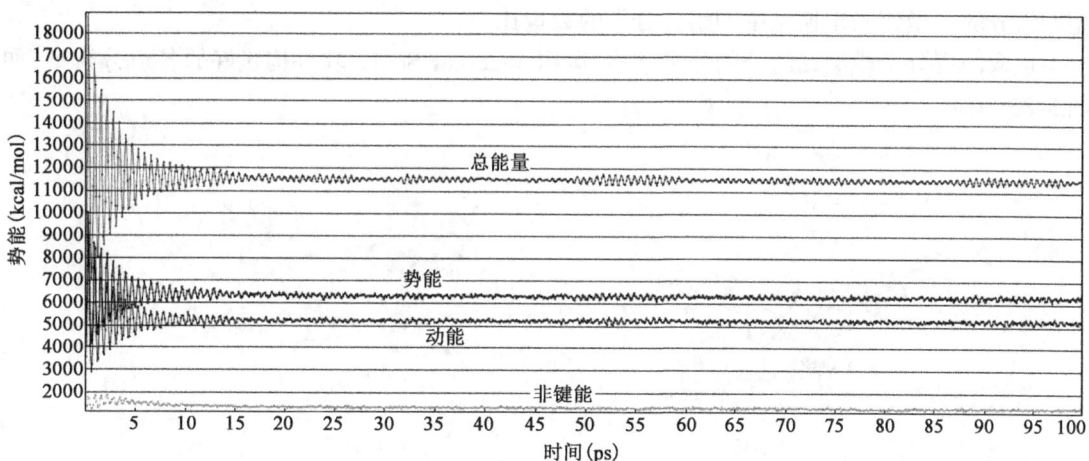

图 5-81 分子动力学模拟时体系能量的变化

分子动力学模拟其他相关参数的设定见表 5-26。

分子动力学模拟其他相关参数的设定　　　　　　　　　　　　　表 5-26

参数	参数信息或参数值
系综	正则系综
控温模式	Andersen 恒温器

参数	参数信息或参数值
分子起始速率	Maxwell-Boltzmann 分布随机产生
力场	Compass 力场
截断半径(Å)	12.5
模拟时长(ps)	0.5
模拟步长(fs)	1
模拟温度(K)	298.0

5.5.3 沥青分子模型

(1)沥青分子模型构建

沥青是组成成分极为复杂的混合物。准确推算出沥青所包含的所有分子的分子结构并不现实,也不可能在沥青分子模型构建时用到所包含的上百万种分子。目前,构建沥青分子模型最常见的做法是筛选出沥青各组分中具有代表性的分子结构,并将其应用于模型,在保证沥青分子模型准确性的同时对模型进行一定程度的简化。

在沥青的组成方面,本示例采用沥青的四组分划分方法,即沥青质、饱和分、芳香分和胶质。本示例在现有研究的基础上,选择沥青四组分的代表物进行建模,并依据基质沥青分子模型四组分的含量比确定模型中四组分分子的数量比。

选取沥青分子模型四组分的分子结构,运用 Materials Studio 软件构建好的各组分模型,如图 5-82 所示。

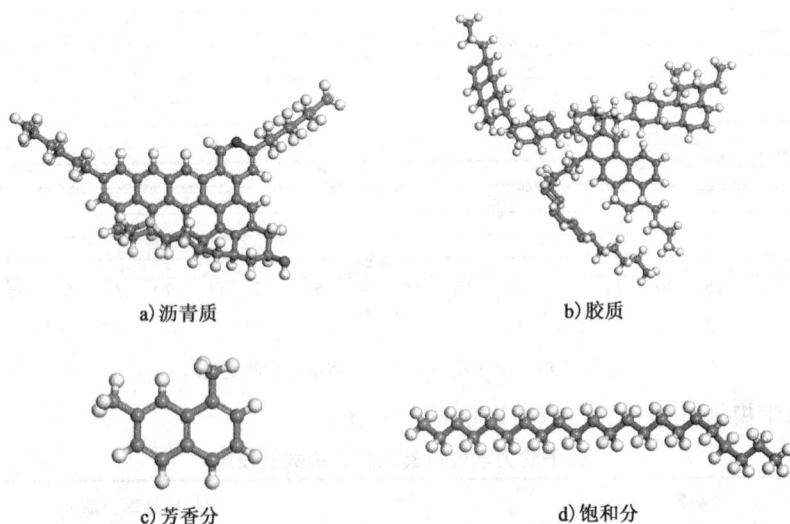

a)沥青质

b)胶质

c)芳香分

d)饱和分

图 5-82 沥青分子模型四组分分子结构

根据已有的研究成果,确定 90 号基质沥青分子模型四组分对应的含量,并依据各组分的分子式,得到模型中四组分的分子数量,见表 5-27。

沥青分子模型中四组分含量及对应分子数目   表 5-27

四组分	沥青质	胶质	芳香分	饱和分
含量(%)	14.9	20.7	44.5	19.9
分子数目	4	7	20	11

利用 Amorphous Cell 模块对沥青分子进行初步构建,构建完成后利用 Forcite 模块中的 Geometry Optimization 及 Anneal 指令优化几何构型并消除模型中的不合理结构,优化后的沥青分子模型如图 5-83 所示。

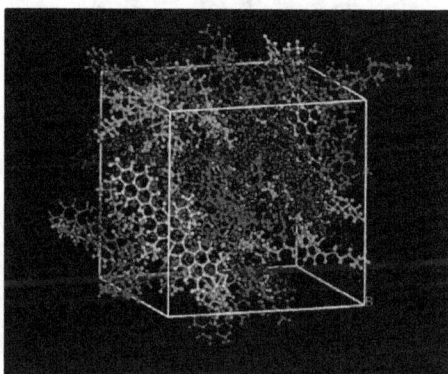

图 5-83　构建并优化后的沥青分子模型
注:黄色代表沥青质,红色代表芳香分,蓝色代表饱和分,绿色代表胶质。

(2)沥青分子模型准确性验证

对沥青分子模型准确性进行验证,主要依据两点:①沥青的物理指标;②沥青分子的分子有序度。利用 Forcite Analysis 模块可以模拟沥青分子结构的物理参数,如密度、溶解度参数等。密度是沥青的基本技术参数之一,沥青的密度与其物理结构和化学组成有密切关系;溶解度参数是指 Hildebrand 等定义的物质内聚能密度的平方根,可以用于判断材料间的相容性。因此,将模拟得到的物理参数与实际实验得到的参数进行对比分析,其结果见表 5-28。

沥青及沥青分子模型物理参数   表 5-28

物理参数	密度(g/cm³)	溶解度参数[(J/cm³)^0.5]
模拟值	1.02	17.592
实验值	1.03 ± 0.02	15.3 ~ 23

在进行沥青分子的构建过程中使用的是四组分的代表分子模型,但由于实际沥青的组成远远比模拟的更复杂,模拟与实际情况仍存在一定差异。由数据可以看出,密度的模拟值与一般实验值接近,溶解度参数的模拟值也在实验值的范围内,因此可以认为在物理指标方面,构建的沥青模型具有较好的准确度。

分子有序度的验证借助径向分布函数进行。该函数表征的是在一定距离范围内,其他粒子在该范围内出现在某一粒子附近的概率,其物理意义如图 5-84 所示。计算公式如下:

$$g(r) = \frac{dN}{\rho 4\pi r^2 dr} \tag{5-42}$$

式中：ρ——系统密度，kg/m^3；

  r——粒子间距离，m；

  N——粒子总个数。

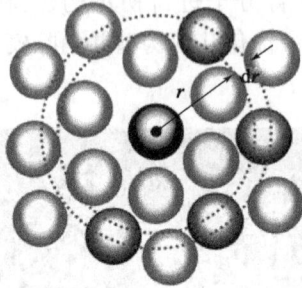

图 5-84 径向分布函数示意图

软件模拟得到的沥青模型径向分布函数图如图 5-85 所示。

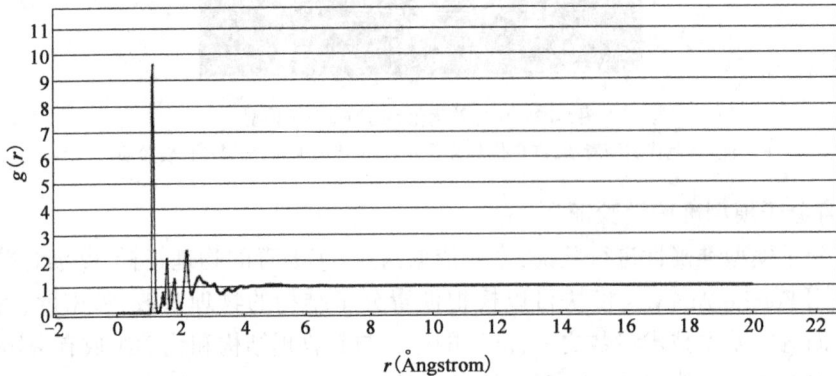

图 5-85 沥青模型径向分布函数图

  根据沥青模型径向分布函数图，径向分布函数可以划分为几个阶段：0~2Å 范围内，函数出现若干峰值，表明在该范围内出现另一个粒子的概率要高于其他位置，在短程范围内表现出有序结构；在 2~4Å 范围内函数值逐渐趋于平稳，表明在该范围内从有序结构到无序结构过渡；在 4Å 后函数值保持不变，且 $g(r)$ 值为 1，说明粒子在大于 4Å 的距离外分布无规律。综合来看，构建的沥青分子模型在近程处呈有序状态，远程处呈无序状态。

  沥青是一种典型的非晶体材料，由于原子在大分子内呈有序状态排列，即近程有序，但沥青内存在多种分子，它们的排列相互交错且无规律性，因此表现为远程无序状态。由此可以判断，模拟结果与该结论具有较强的一致性。

5.5.4 集料化学成分与沥青黏附关系模拟研究

  本节主要针对集料化学成分中的氧化物成分与沥青进行建模，通过分子动力学模拟，明确集料与沥青的黏附程度。表征集料化学组成的氧化物主要包括 SiO_2、Al_2O_3、MgO、CaO 等。

（1）氧化物-沥青界面模型构建

对集料与沥青间黏附性产生影响的氧化物主要包括 SiO_2、Al_2O_3、MgO、CaO 四种。其中，CaO、MgO 等成分与沥青之间的黏附性较强，而 SiO_2、Al_2O_3 等成分与沥青之间的黏附性较弱。对四种氧化物进行建模，并进一步进行分子动力学模拟，可以得到具体的与沥青的黏附关系。四种氧化物的建模结果如图 5-86 所示。

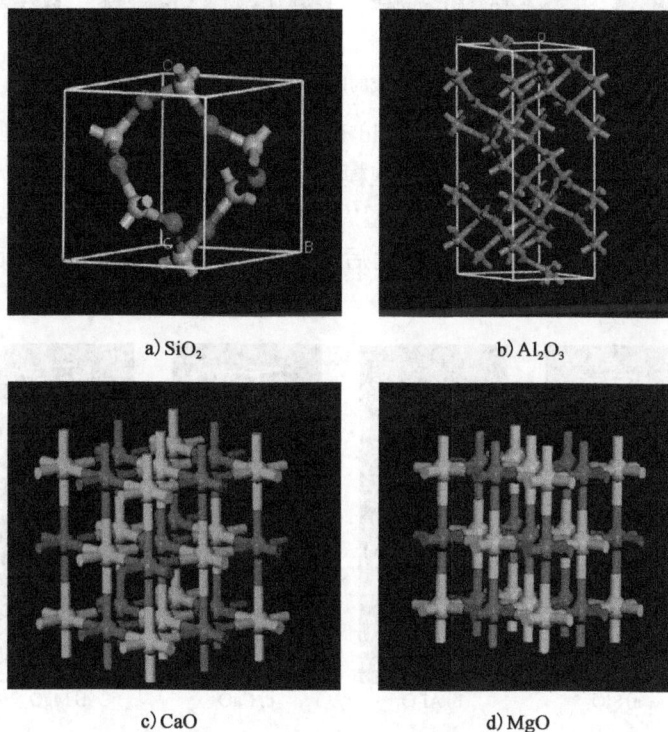

a) SiO_2　　　　　　　　　　　　b) Al_2O_3

c) CaO　　　　　　　　　　　　d) MgO

图 5-86　四种氧化物的建模结果

Supercell 工具是对原矿物结构模型的进一步扩展，以原有模型为结构单元，根据周期性条件进行扩展从而形成新的重复性结构单元。Supercell 工具建模的具体操作如下：

①在构建好的矿物结构模型的基础上，利用 Cleave Surface 工具截取平面，并设置分层厚度参数，将截取后的平面作为沥青-集料界面模型中集料的表面。

②利用分子力学原理，对表面进行能量最小化处理并优化。

③利用 Forcite 模块分配力场，该部分使用的力场为 COMPASS 力场。

④利用 Forcite 模块中的 Geometry Optimization 工具优化得到的截面。

⑤利用 Supercell 工具定义参数 U 和 V，即明确构建超晶胞模型的范围。本示例对于参数的设定值为 $U=3$，$V=3$。

⑥利用 Vacuum Thickness Slab 工具完成超晶胞模型的构建。构建完成的四种氧化物超晶胞模型如图 5-87 所示。

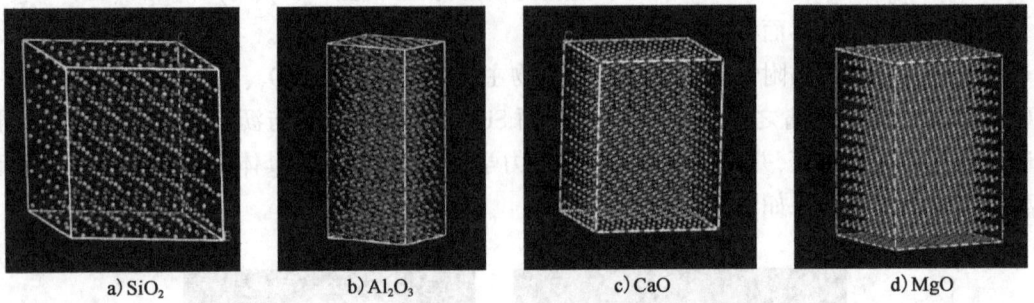

a) SiO₂ b) Al₂O₃ c) CaO d) MgO

图 5-87 构建完成的四种氧化物超晶胞模型

在构建的超晶胞模型基础上,运用 Build Layer 工具建立集料-沥青界面模型。界面模型的第 1 层为集料表面,即构建完成的超晶胞模型。界面模型的第 2 层为沥青分子模型,沥青层上设置厚度为 30Å 的真空层,以消除模型周期性的影响。构建后运用 Forcite 模块对界面模型进行 Geometry Optimization 优化,优化后的四种氧化物与沥青的界面模型如图 5-88 所示。

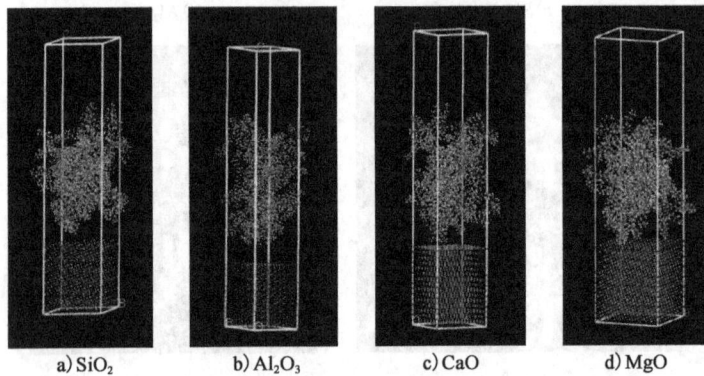

a) SiO₂ b) Al₂O₃ c) CaO d) MgO

图 5-88 优化后的四种氧化物与沥青的界面模型

(2)模拟结果分析

模拟结果分析具体如下:相互作用能是反映两种材料之间界面的结合强度的参数。

①M、N 为两种材料,构建好界面模型后,模型中存在两个等效的界面,如图 5-89 所示。

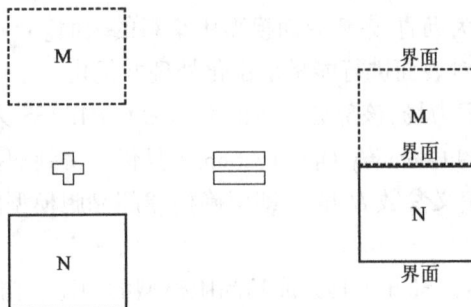

图 5-89 相互作用能的计算示意图

②将模型在设定的温度 T 及正则系综体系下进行分子动力学模拟计算,至系统达到稳定状态,此时系统的总能量为 E_{total}。

③将模型中材料 M 和材料 N 分别取出,计算后可得到两种材料单独的能量 E_M 和 E_N。

④利用 Forcite 模块中的 Energy 指令可以完成系统总能量以及两种材料单独的能量的计算。界面模型中界面的面积为 A,则可根据公式计算得到模型中两种材料的相互作用能 γ,见式(5-43)。

$$\gamma = \frac{E_{total} - (E_M - E_N)}{2A} \quad (5-43)$$

通过相互作用能,可以反映两种材料之间界面的结合强度。当 γ 为正值时,说明沥青在集料表面难以发生吸附作用;当 γ 为负值时,说明沥青能够吸附在集料表面,且 γ 的绝对值越大,吸附效果越好,也更容易发生吸附。

四种氧化物-集料界面模型模拟得到的相互作用能结果见表5-29。

四种氧化物-沥青界面模型的相互作用能　　　　表5-29

氧化物	E_{total} (kcal/mol)	$E_{aggregate}$ (kcal/mol)	$E_{asphalt}$ (kcal/mol)	A (Å²)	γ (kcal/mol·Å²)
SiO₂	11716156.00	859.40	11716074.48	602.70	-0.65
Al₂O₃	15238510.83	1006.44	15238870.25	566.20	-1.12
CaO	62251209.34	843.28	62257366.07	740.38	-4.73
MgO	28351501.18	887.97	28358233.98	886.25	-4.30

根据模拟得到的结果可以得出:

①四种氧化物与沥青界面模型的相互作用能均为负值,表明四种氧化物均能与沥青产生一定程度的吸附,但吸附程度不同。SiO_2 与沥青相互作用能的绝对值最小,与沥青的结合强度最差;CaO 与沥青相互作用能的绝对值最大,与沥青结合能力最强。四种氧化物与沥青结合能力的大小顺序为 $CaO > MgO > Al_2O_3 > SiO_2$。

②四种氧化物与沥青结合能力的大小关系进一步验证了 Cao、MgO 等成分与沥青之间的黏附性较强,而 SiO_2、Al_2O_3 等成分集料与沥青之间的黏附性较弱,并从侧面进一步印证了提出的 $(CaO + MgO)$ 与 $(SiO_2 + Al_2O_3)$ 含量之比具有较为合理、准确的物理意义。

5.5.5　集料与沥青黏附关系模拟研究

(1)集料结构模型构建

在完成集料组成成分晶体模型构建的基础上,对集料晶体结构模型进行构建,根据各成组成成分及其相对含量构建矿物晶体。具体构建过程如下(以鑫达产集料结构模型的构建为例):

①鑫达产集料的矿物组成为:石英 SiO_2 占29.2%,钠长石 $Na(AlSi_3O_8)$ 占70.8%。

②在 Amorphous Cell Calculation 菜单中,先调整集料结构模型的密度为2.665,即与集料实测的毛体积密度值相同,再调整两种集料组成成分的数量比,使其含量接近真实的含量,如图5-90所示。鑫达产集料结构模型中石英和钠长石两种成分的含量分别为27.5%和72.5%,而实际含量分别为29.2%和70.8%,说明结构模型中集料成分的含量与实际接近情况。

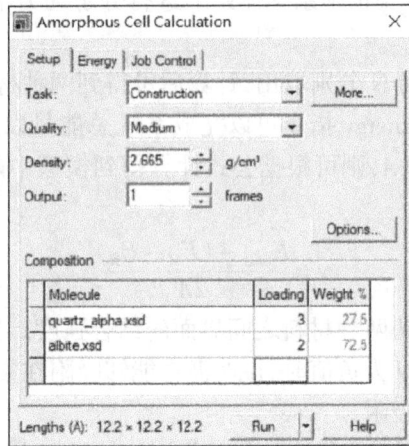

图 5-90　Amorphous Cell Calculation 菜单参数设置

③利用该方法对九种集料构建的结构模型,如图 5-91 所示。

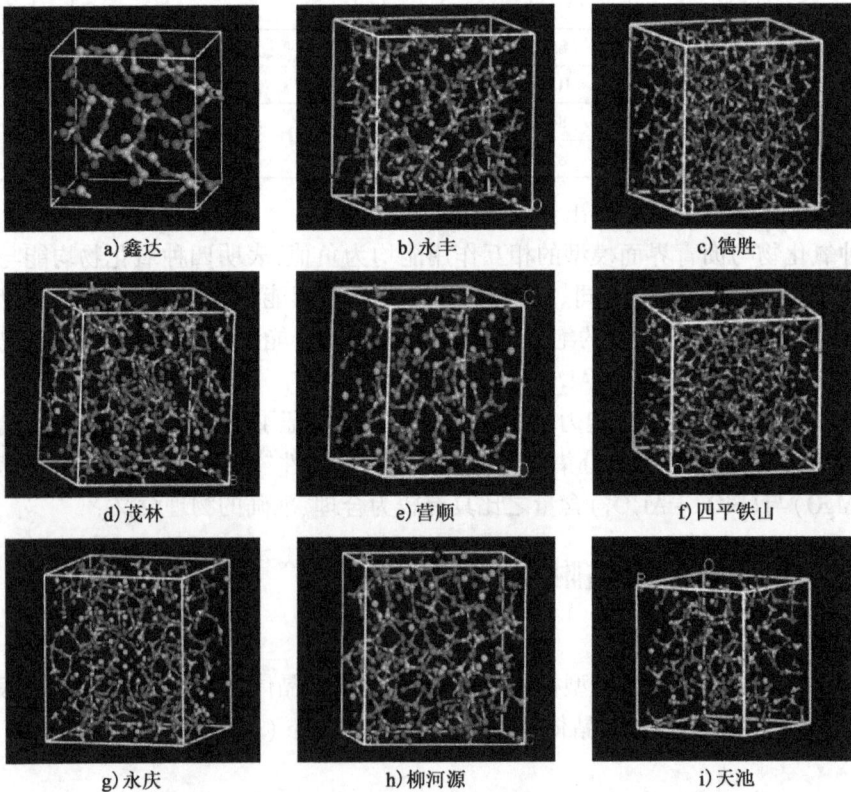

a)鑫达　　　　　　　　b)永丰　　　　　　　　c)德胜

d)茂林　　　　　　　　e)营顺　　　　　　　f)四平铁山

g)永庆　　　　　　　　h)柳河源　　　　　　　i)天池

图 5-91　集料结构模型构建结果

(2)集料结构模型准确性验证

在进行集料结构模型准确性验证时,主要依据为集料结构模型模拟出的物理参数。软件中的具体操作步骤如下:

①利用 Forcite Calculation 模块中的 Geometry Optimization 对结构模型进行几何优化。

②对优化后的模型进行 Mechanical Properties 的计算,计算方法选择 Constant Strain。

③计算得到的不同集料结构模型的物理参数包括体积模量、杨氏模量、泊松比、压缩系数等,见表5-30。

不同矿物结构模型的物理参数

表5-30

集料产地	体积模量(GPa)	杨氏模量(GPa)	泊松比	压缩系数
鑫达	160.25	158.91	0.322	0.0064
永丰	107.78	210.02	0.145	0.0076
德胜	122.55	183.95	0.373	0.0083
茂林	110.16	152.47	0.343	0.0099
营顺	87.65	132.19	0.391	0.0116
四平铁山	82.45	169.09	0.256	0.0088
永庆	154.60	142.58	0.244	0.0125
柳河源	106.81	105.16	0.274	0.0157
天池	118.13	128.80	0.296	0.0085

以鑫达产集料为例,根据结构模型计算得到的杨氏模量为158.91GPa,而其组成成分石英和钠长石的杨氏模量分别约为76GPa和69GPa,杨氏模量高于其组成成分;计算得到的体积模量为160.25GPa,而其组成成分石英和钠长石的体积模量分别约为37GPa和57GPa,同样高于其组成成分。

根据结构模型模拟得到的物理参数与实际实验结果存在差异,模拟值高于实验值,可能有以下两点原因:①模拟的结构模型与实际矿物组成结构并不完全一致,模拟时将两种或多种组分以能量最低的原则独立分布在结构中,而实际矿物在形成时,不同组分之间可能相互影响,形成时产生共生、伴生等现象;②矿物内部常存在杂质,且内部存在大量位错,使得矿物实际的强度、模量等低于模拟得到的数值。

总体来看,通过结构模型模拟计算得到的物理参数数值与实验得到的数值较为接近,在同一水平上。因此,我们认为本示例所模拟得到的矿物晶体结构可以在一定程度上反映实际情况。

(3)矿物结构-沥青界面模型构建

构建完成的九种集料超晶胞模型如图5-92所示。进一步构建得到的集料-沥青界面模型如图5-93所示。

(4)模拟结果分析

利用 Forcite Analysis 工具可计算出沥青在集料表面的分布规律,主要包括沥青的渗透深度以及不同深度处的相对浓度。九种氧化物-沥青界面模型模拟得到的沥青在集料表面的分布规律如图5-94所示。

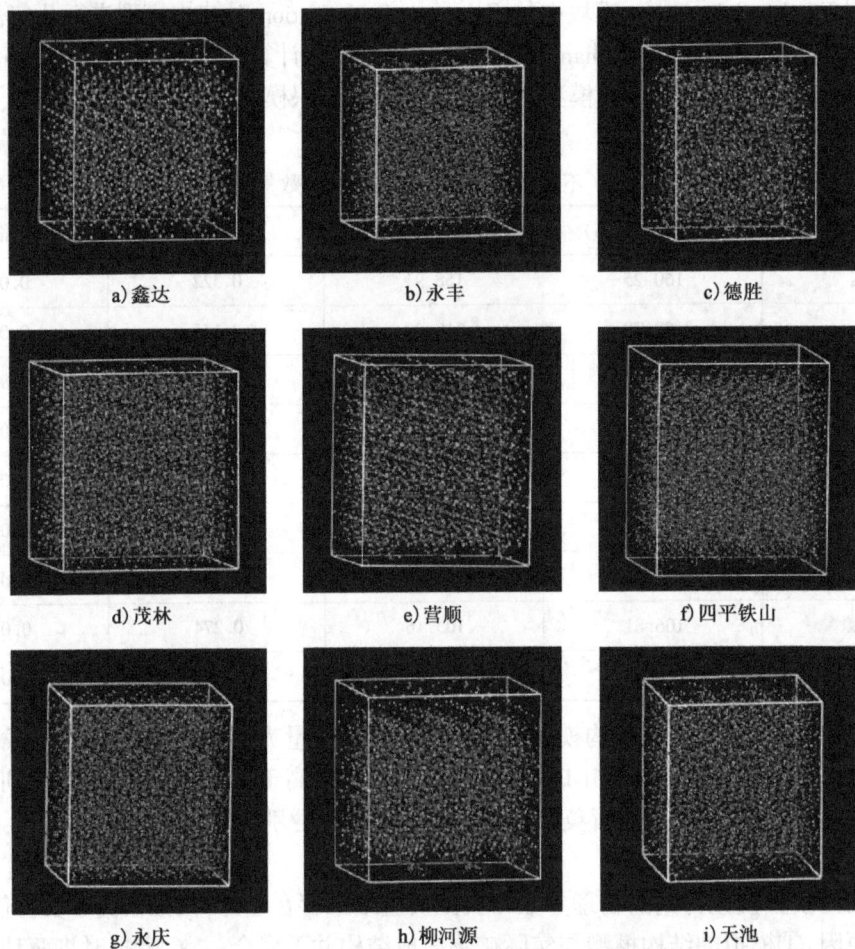

a)鑫达   b)永丰   c)德胜

d)茂林   e)营顺   f)四平铁山

g)永庆   h)柳河源   i)天池

图 5-92 构建完成的九种集料超晶胞模型

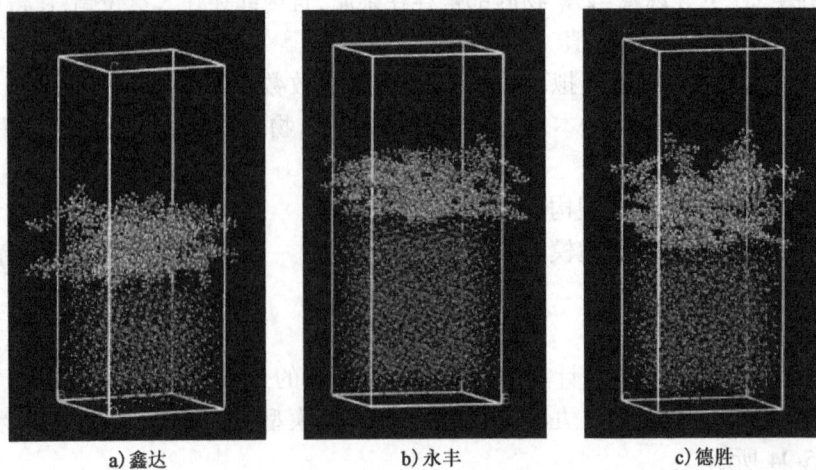

a)鑫达   b)永丰   c)德胜

图 5-93 集料-沥青界面模型

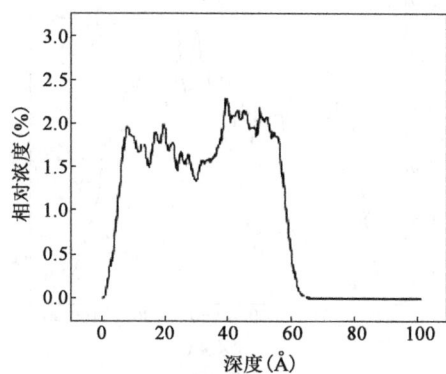

a) 鑫达

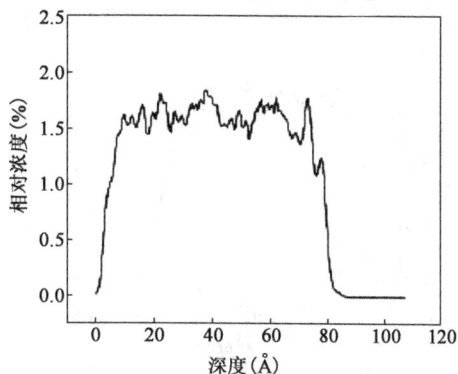

b) 永丰

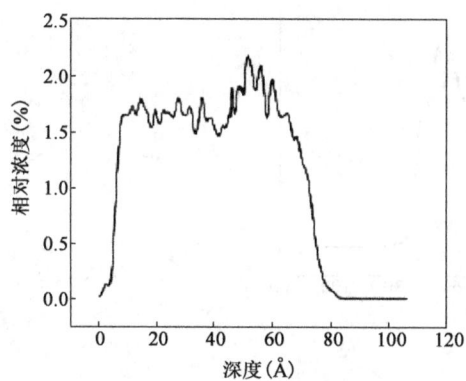

c) 德胜

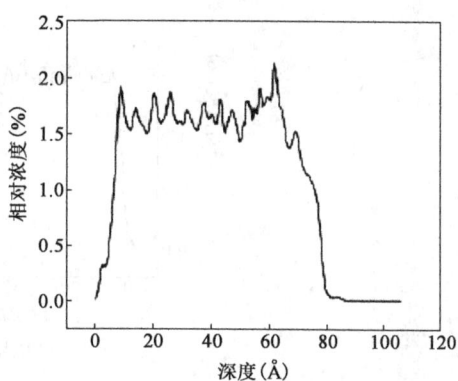

d) 茂林

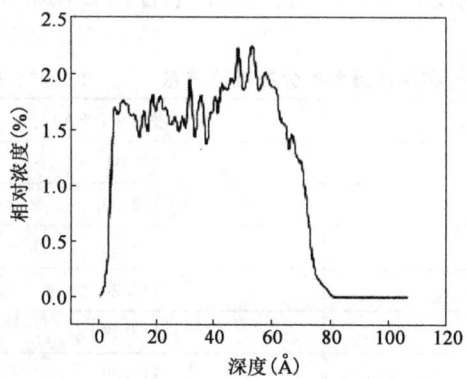

e) 营顺

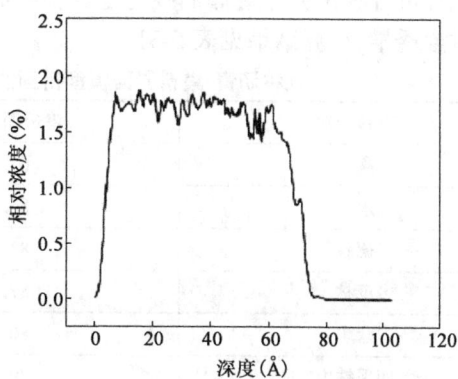

f) 四平铁山

图 5-94

g) 永庆

h) 柳河源

i) 天池

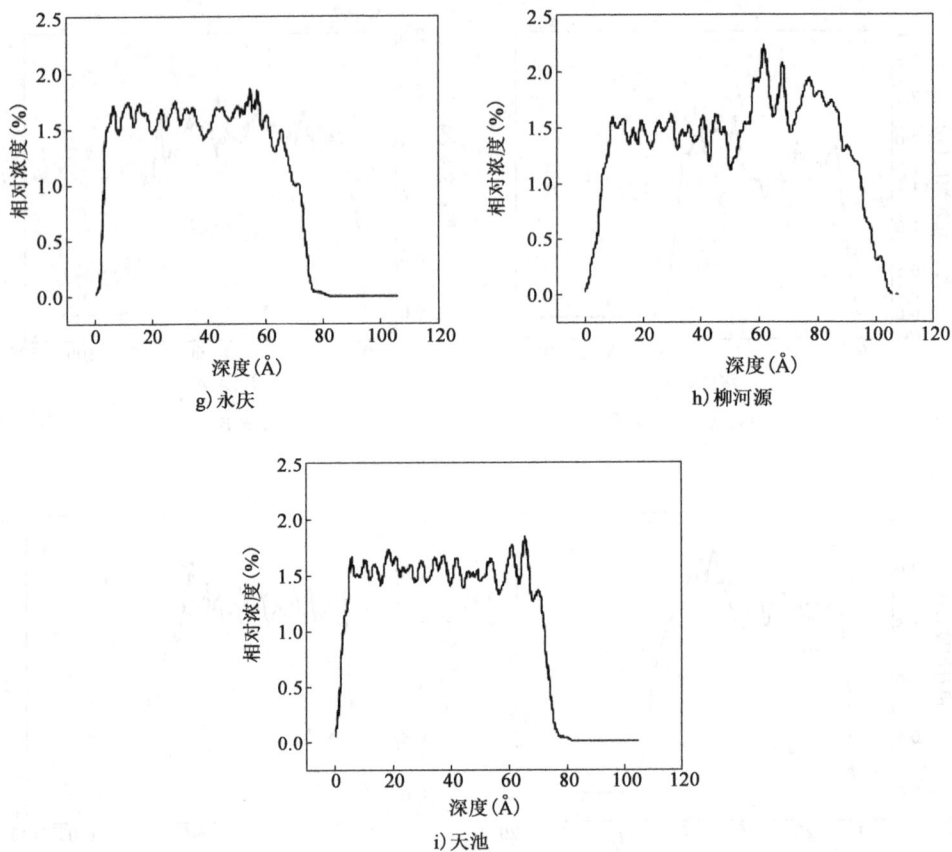

图 5-94　九种氧化物-沥青界面模型拟得到的沥青在集料表面的分布规律

　　九种沥青-集料界面模型得到的沥青渗透深度见表 5-31。此外,根据所得分布规律曲线,利用积分可计算出分布规律曲线与坐标轴围成的闭合图形的面积,用以表征沥青在集料表面的相对渗透量,计算结果见表 5-31。

九种沥青-集料界面模型得到的沥青在集料表面的分布规律信息　　　　表 5-31

集料产地	渗透深度(Å)	相对渗透量(%Å)
鑫达	65.76	99.04
永丰	86.07	119.83
德胜	83.52	115.82
茂林	87.08	117.24
营顺	80.99	117.19
四平铁山	79.97	113.89
永庆	82.00	110.37
柳河源	105.36	143.53
天池	82.51	111.69

根据模拟得到的沥青在集料表面的分布规律曲线结果,就沥青的渗透深度而言,沥青在鑫达产酸性集料表面的渗透深度最小,为65.76Å;在柳河源产碱性集料表面的渗透深度最大,为105.36Å。其他集料渗透深度基本相同,范围为80～87Å。就沥青在集料表面的相对渗透量而言,在鑫达产酸性集料表面的相对渗透量最小,为99.04;在柳河源产碱性集料表面的相对渗透量最大,为143.53;其他集料表面的相对渗透量基本相同,数值在110～120范围内。

九种矿物结构-沥青界面模型的相互作用能计算结果见表5-32。

九种矿物结构-沥青界面模型的相互作用能计算结果 表5-32

界面模型	E_{total} (kcal/mol)	$E_{aggregate}$ (kcal/mol)	$E_{asphalt}$ (kcal/mol)	A (Å²)	γ (kcal/mol · Å²)
鑫达	2275701.02	2277793.54	4125.31	1560.88	−1.99
永丰	39402138.39	39408006.38	13564.45	2494.50	−3.90
德胜	28175224.03	28181737.49	9958.92	2158.85	−3.82
茂林	8886593.03	8904567.67	9077.89	3189.63	−4.24
营顺	7647266.84	7656166.89	6461.86	1675.26	−4.58
四平铁山	9702634.81	9712198.33	17692.78	3391.90	−4.02
永庆	2683916.76	2699734.94	4308.08	2088.02	−4.82
柳河源	4866904.56	4875581.58	8523.72	1620.65	−5.31
天池	10705557.21	10712351.93	14358.33	2297.68	−4.60

构建界面模型时,集料结构模型尺寸的不同导致了沥青-集料界面模型尺寸的差异,在计算各模型中沥青部分的能量($E_{asphalt}$)时,尽管使用同一种沥青分子模型,但计算的结果略有差异。

根据分子动力学的模拟结果,可以得出以下结论:

①九种集料的相互作用能均为负值,说明沥青可以不同程度地吸附在集料表面,二者之间存在吸附作用。

②九种集料相互作用能整体体现的分布规律如下:碱性集料相互作用能的绝对值最大,酸性集料相互作用能绝对值最小,中性集料相互作用能的绝对值介于二者之间。其整体分布规律如下:集料中SiO_2含量越高,其相互作用能的绝对值也越大,与沥青的结合强度越好,SiO_2含量为影响集料与沥青结合强度的最主要因素。对于中性集料,与沥青的结合强度存在差异。永丰、德胜产的两种酸性集料相互作用能绝对值分别为3.90及3.82;茂林、营顺和四平铁山产的三种中性偏碱集料的相互作用能绝对值为4.24、4.58及4.02。中性偏碱集料与沥青间的吸附效果略好于中性偏酸集料。

③结合两部分的模拟结果,除鑫达和柳河源产集料的渗透深度及相对渗透量与其他集料有显著差异外,沥青在其他集料表面的渗透深度及相对渗透量基本接近,但计算得到的相互作用能却有所差异,可以说明集料中的矿物成分对集料与沥青的黏附性产生影响。

参 考 文 献

[1] 陈正隆,徐为人,汤立达.分子模拟的理论与实践[M].北京:化学工业出版社,2007.

[2] 王淑娟,郑永昌,丁勇杰.基于分子模拟技术的单体接枝SBS与沥青相容性研究[J].公路与汽运,2013(1):100-102.

[3] 杨洁.聚氨酯及丙烯酸酯胶黏剂体系与小分子相容性的分子动力学模拟研究[D].北京:北京化工大学,2015.

[4] 殷开梁.分子动力学模拟的若干基础应用和理论[D].杭州:浙江大学,2006.

[5] 严六明,朱素华.分子动力学模拟的理论与实践[M].北京:科学出版社,2013.

[6] 樊康旗,贾建援.经典分子动力学模拟的主要技术[J].微纳电子技术,2005(3):133-138.

[7] 文玉华,朱如曾,周富信,等.分子动力学模拟的主要技术[J].力学进展,2003(1):65-73.

[8] 唐伯明,丁勇杰,朱洪洲,等.沥青分子聚集状态变化特征研究[J].中国公路学报,2013,26(3):50-56,76.

[9] DING Y J, HUANG B S, SHU X, et al. Use of molecular dynamics to investigate diffusion between virgin and aged asphalt binders[J]. Fuel,2016,174:267-273.

[10] FU T, BAO H M, DUAN X X. Molecular simulation study on modification mechanism of red mud modified asphalt[J]. Iop Conference,2017,100(1):012005.

[11] 李根泽.基于分子模拟技术的路用沥青感温性研究[D].长春:吉林大学,2019.

[12] 王鹏,董泽蛟,谭忆秋,等.基于分子模拟的沥青蜂状结构成因探究[J].中国公路学报,2016,29(3):9-16.

[13] 许建业,刘富良,林添坂,等.沥青混凝土疲劳损伤自愈合行为研究进展(4):沥青自愈合分子动力学模拟[J].石油沥青,2016,30(2):61-66.

[14] 白爱明,周新星.生物质油再生沥青的自愈合性能研究[J].重庆交通大学学报(自然科学版),2018,37(8):29-33.

[15] 高超,陆国阳,龚明辉,等.自愈合沥青设计的可行性及评价方法研究[J].中外公路,2013,33(3):244-247.

[16] 苏曼曼,张洪亮,张永平,等.SBS与沥青相容性及力学性能的分子动力学模拟[J].长安大学学报(自然科学版),2017,37(3):24-32.

[17] 丛玉凤,廖克俭,翟玉春.分子模拟在SBS改性沥青中的应用[J].化工学报,2005

(5):769-773.

[18] 王岚,张乐,刘旸.基于分子动力学的胶粉改性沥青中胶粉与沥青相容性研究[J].建筑材料学报,2018,21(4):689-694.

[19] ZHANG L Q, GREENFIELD M L. Analyzing properties of model asphalts using molecular simulation[J]. Energy & Fuels, 2007, 21(3):1712-1716.

[20] 丁海波,邱延峻,王文奇,等.废机油底渣对沥青的不利影响及机理初探[J].建筑材料学报,2017,20(4):646-650.

[21] 张永兴,熊出华,凌天清.再生剂与老化沥青微观作用机理[J].土木建筑与环境工程,2010,32(6):55-59.

[22] DING Y J, HUANG B S, SHU X . Investigation of functional group distribution of asphalt using liquid chromatography transform and prediction of molecular model[J]. Fuel, 2018,227:300-306.

[23] XU M,YI J Y, QI P, et al. Improved chemical system for molecular simulations of asphalt[J]. Energy & fuels,2019,33(APR.):3187-3198.

[24] 高飞.新-旧沥青混合体系扩散机制及宏微观特性研究[D].哈尔滨:哈尔滨工业大学,2019.

[25] 崔亚楠,李雪杉,张淑艳.基于分子动力学模拟的再生剂-老化沥青扩散机理研究[J].建筑材料学报,2021:24(5):1105-1109.

[26] XU M, YI J Y, FENG D C, et al. Analysis of adhesive characteristics of asphalt based on atomic force microscopy and molecular dynamics simulation[J]. ACS Applied Materials & Interfaces,2016,8(19):12393-12403.

[27] LI R, GUO Q Q, DU H, et al. Mechanical property and analysis of asphalt components based on molecular dynamics simulation[J]. Journal of Chemistry,2017:1-9.

[28] 徐霈.基于分子动力学的沥青与集料界面行为虚拟实验研究[D].西安:长安大学,2014.

[29] 郭猛.沥青与矿料界面作用机理及多尺度评价方法研究[D].哈尔滨:哈尔滨工业大学,2017.

[30] 周新星.砂粒式沥青混合料的动态力学及界面粘附性能研究[D].武汉:武汉理工大学,2019.

[31] 方伟锋.LM-S改性剂提高石油沥青与石料的粘附性能研究[D].上海:华东理工大学,2018.

[32] XU G J,Wang H. Study of cohesion and adhesion properties of asphalt concrete with molecular dynamics simulation[J]. Computational Materials Science,2016,112:161-169.

[33] 朱建勇.沥青胶结料自愈合行为的分子动力学模拟[J].建筑材料学报,2018,21(3):433-439.

[34] 朱建勇,何兆益.抗剥落剂与沥青相容性的分子动力学研究[J].公路交通科技,2016,33(1):34-40.

[35] 周新星,吴少鹏,张倩,等.基于分子尺度的沥青材料设计[J].材料导报,2018,32(3):483-495.

[36] 许勐.基于分子动力学模拟的沥青再生剂扩散机理分析[D].哈尔滨:哈尔滨工业大学,2015.

[37] 陈华鑫,贺孟霜,纪鑫和,等.沥青性能与沥青组分的灰色关联分析[J].长安大学学报(自然科学版),2014,34(3):1-6.

[38] 吴楚枫.FCC废催化剂/沥青微观作用机制及路用性能[D].重庆:重庆交通大学,2020.

[39] 丁勇杰.基于分子模拟技术的沥青化学结构特征研究[D].重庆:重庆交通大学,2013.

[40] 邱延峻,苏婷,郑鹏飞,等.基于分子模拟的沥青胶结料物理老化机理研究[J].建筑材料学报,2020,23(6):1464-1470.

[41] 魏无际,俞强,崔益华.高分子化学与物理基础[M].北京:化学工业出版社,2011.

[42] 孙彤.烷基苯磺酸盐型表面活性剂在油/水界面聚集行为的分子动力学模拟[D].大庆:东北石油大学,2020.

[43] 范维玉,赵品晖,康剑翘,等.分子模拟技术在乳化沥青研究中的应用[J].中国石油大学学报(自然科学版),2014,38(6):179-185.

[44] 瞿舟.表面活性剂分子油水界面性质的分子动力学模拟研究[D].湘潭:湘潭大学,2019.

[45] 曹慧平.集料化学成分/乳化剂传质机理的分子动力学模拟[D].重庆:重庆交通大学,2018.

[46] 李朝波.乳化剂/集料化学成分体系传质行为研究[D].重庆:重庆交通大学,2020.

[47] 王文杰,卢秀萍.阴离子水性聚氨酯内乳化剂的研究进展[J].聚氨酯工业,2005(4):6-10.

[48] 李登辉,李丽洁,兰贯超,等.SBS增韧石蜡/增塑剂共混相容性的分子动力学模拟[J].含能材料,2018,26(3):223-229.

[49] 田国才,王永志.AlF$_3$对冰晶石熔盐体系结构与性质影响的分子动力学模拟研究[J].昆明理工大学学报(自然科学版),2015,40(3):1-8.

[50] 李席,贺舟舟,朱林林,等.PVC/ECA共混物相容性的分子动力学模拟[J].塑料,

2020,49(5):135-138,142.

[51] 候孟蝶,李惠萍,胡子昭,等.OPEO 表面活性剂在油/水界面的分子动力学模拟[J].
日用化学工业,2018,48(5):243-246.

[52] 史鹏.表面活性剂界面行为和抗盐性能的理论研究[D].哈尔滨:哈尔滨理工大
学,2019.

[53] 于立军.阴离子表面活性剂在油水界面吸附行为的实验和理论研究[D].青岛:中国
石油大学,2011.

[54] XU J F, ZHANG Y, CHEN H X, et al. Effect of surfactant headgroups on the oil/water
interface: an interfacial tension measurement and simulation study[J]. Journal of Molec-
ular Structure, 2013, 1052:50-56.